JN268766

工科系数学セミナー
フーリエ解析と偏微分方程式

第2版

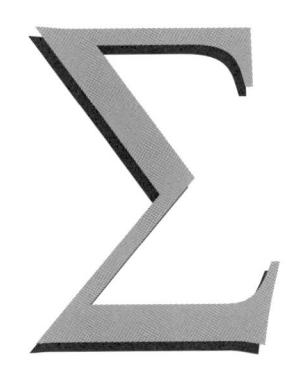

数学教育研究会編

Σ

TDU 東京電機大学出版局

本書の全部または一部を無断で複写複製（コピー）することは，著作権法上での例外を除き，禁じられています．小局は，著者から複写に係る権利の管理につき委託を受けていますので，本書からの複写を希望される場合は，必ず小局（03-5280-3422）宛ご連絡ください．

まえがき

　本書は，微積分学と常微分方程式の初歩を学んだ学生諸君のために，「フーリエ級数」「フーリエ変換・フーリエ積分」およびその応用として「偏微分方程式」における境界値問題の解法の教科書として書かれたものである．

　本書の第1の目標は，任意の周期関数をフーリエ級数で表し，それを物理学，工学に応用することであるが，応用問題としては代表的なものを厳選して掲載している．また，フーリエ級数の基礎にあるものは直交性であり，それに関連して一般の関数系の直交性にもふれた．第2の目標である境界値問題は熱伝導，振動等の問題として，18世紀以来多くの研究がなされており，現在でもその重要性は変わらない．したがって，偏微分方程式における境界値問題をフーリエ級数を用いて解いたが，それは歴史的流れに沿ったものである．また，現在ではフーリエ級数，フーリエ変換・フーリエ積分は，各方面で利用され，理工系の学生には必須の知識となっている．

　本書は，第1章　フーリエ級数，第2章　フーリエ積分，第3章　偏微分方程式の三つの章から成り立っている．第1章は，フーリエ解析の基礎となる事柄であり，問題を多数掲載し，計算法の習熟に心がけた．問題は類似のものが多く，容易に解けるものと信ずる．第2章のフーリエ積分は，周期無限大の関数のフーリエ級数と考えると，第1章の延長である．第3章は，偏微分方程式(境界値問題)の解法で，変数分離法により，そこでフーリエ解析を用いている．変数分離法は偏微分方程式の重要な解法であるが，ほかに種々の解法がある．なお，各節の終わりには類似の多数の問題を配し，計算法の習得に心がけた．

　本書のグラフ，計算には東京電機大学　五島奉文教授にお願いし，Wolfram Research, Inc.のMathematicaを使いました．また，原稿の校正は日本工業大学大野修一教授にお世話になり，適切な注意をいただきました．ここに記して感謝の意を表します．

1999年1月

編　者　一　同

目次

第1章 フーリエ級数

1. フーリエ級数 …………………………………………………… 1
2. 一般の周期関数 ………………………………………………… 14
3. 複素フーリエ級数 ……………………………………………… 21
4. 三角多項式近似 ………………………………………………… 27
5. フーリエ級数の収束 …………………………………………… 32
6. 一般フーリエ級数 ……………………………………………… 46

第2章 フーリエ積分

1. フーリエ積分，フーリエ変換 ………………………………… 56
2. フーリエ変換の性質 …………………………………………… 65

第3章 偏微分方程式

1. 偏微分方程式 …………………………………………………… 75
2. 線形常微分方程式の復習 ……………………………………… 81
3. 変数分離法 ……………………………………………………… 89
4. 2階定数係数線形偏微分方程式 ……………………………… 96
5. 初期値・境界値問題(Ⅰ) ……………………………………… 104
6. 初期値・境界地問題(Ⅱ) ……………………………………… 121

別冊 解答

第1章　フーリエ級数

1　フーリエ級数

級数

$$\frac{a_0}{2} + \sum_{n=1}^{\infty} (a_n \cos nx + b_n \sin nx) \tag{1.1.1}$$

を**三角級数**といい，定数 $a_0,\ a_1,\ a_2, \cdots, b_1,\ b_2, \cdots$ を三角級数の**係数**という。

$f(x)$ を周期 2π の関数とする。関数 $f(x)$ が (1.1.1) 式の形で表されるとき，$f(x)$ と係数 $a_n\ (n = 0,\ 1,\ 2, \cdots)$，$b_n\ (n = 1,\ 2, \cdots)$ との関係を調べる。ここで

$$f(x) = \frac{a_0}{2} + \sum_{n=1}^{\infty} (a_n \cos nx + b_n \sin nx) \tag{1.1.2}$$

とし，$f(x)$ は区間 $[-\pi,\ \pi]$ で積分可能で，項別積分可能とする。このとき，次の積分が使われる。

$$\left. \begin{aligned} \int_{-\pi}^{\pi} \cos nx \cos mx\, dx &= \begin{cases} 0 & (n \neq m) \\ \pi & (n = m) \end{cases} \\ \int_{-\pi}^{\pi} \sin nx \sin mx\, dx &= \begin{cases} 0 & (n \neq m) \\ \pi & (n = m) \end{cases} \\ \int_{-\pi}^{\pi} \cos nx \sin mx\, dx &= 0 \end{aligned} \right\} \tag{1.1.3}$$

(1.1.2) 式の両辺を $-\pi$ から π まで積分すると

$$\int_{-\pi}^{\pi} f(x)\, dx = \frac{a_0}{2} \int_{-\pi}^{\pi} dx + \sum_{n=1}^{\infty} \left(a_n \int_{-\pi}^{\pi} \cos nx\, dx + b_n \int_{-\pi}^{\pi} \sin nx\, dx \right) = a_0 \pi$$

(1.1.2) 式の両辺に $\cos mx$ および $\sin mx$ をかけて，$-\pi$ から π まで積分すると，(1.1.3) 式により

$$\int_{-\pi}^{\pi} f(x)\cos mx\, dx = \frac{a_0}{2}\int_{-\pi}^{\pi}\cos mx\, dx$$
$$+ \sum_{n=1}^{\infty}\left(a_n\int_{-\pi}^{\pi}\cos nx\cos mx\, dx + b_n\int_{-\pi}^{\pi}\sin nx\cos mx\, dx\right)$$
$$= \pi a_m$$

同様にして

$$\int_{-\pi}^{\pi} f(x)\sin mx\, dx = \pi b_m$$

したがって，次の式が得られる．

$$\left.\begin{array}{l} a_0 = \dfrac{1}{\pi}\displaystyle\int_{-\pi}^{\pi} f(x)\, dx \\[1.5ex] a_m = \dfrac{1}{\pi}\displaystyle\int_{-\pi}^{\pi} f(x)\cos mx\, dx \\[1.5ex] b_m = \dfrac{1}{\pi}\displaystyle\int_{-\pi}^{\pi} f(x)\sin mx\, dx \\[1ex] (m = 1, 2, \cdots) \end{array}\right\} \tag{1.1.4}$$

(1.1.4)式によって求められる a_0, a_1, $\cdots$; b_1, b_2, $\cdots$ を $f(x)$ の**フーリエ (Fourier) 係数**といい，(1.1.4)式の係数を持つ三角級数を $f(x)$ の**フーリエ級数**という．

ここで，係数(1.1.4)式は区間 $[-\pi, \pi]$ において(1.1.2)式が成り立ち，項別積分可能(その級数が収束し，等しい)であるとしたが，それらが成り立つかどうかは，断定できない．したがって，(1.1.2)式の両辺を，直ちに等号 "=" で結ぶわけにはいかないので，これらを考慮して，記号 "～" を用いて，次のように表す．

$$f(x) \sim \frac{a_0}{2} + \sum_{n=1}^{\infty}(a_n\cos nx + b_n\sin nx) \tag{1.1.5}$$

このとき，右辺のように表現することを**フーリエ展開**するという．記号 "～" は，だいたい等号 "=" である．これに関して，次の定理が成り立つ．

> **定理1**
>
> $f(x)$ は周期 2π を持ち, 区間 $I=[-\pi, \pi]$ で区分的に連続な関数とし, その導関数 $f'(x)$ も I で区分的に連続ならば, $f(x)$ のフーリエ級数は, 各点 $x \in I$ で
>
> $$\frac{1}{2}\{f(x+0)+f(x-0)\}$$
>
> に収束する(これにより, x が $f(x)$ の連続点ならば, そのフーリエ級数は $f(x)$ に等しい).

この定理より, 二つの記号 "$=$" と "$\sim$" とはあまり気にしないで使う. 特に計算においては "$=$" とする.

区分的に連続な関数 $f(x)$ を有限区間 $I=[a, b]$ で定義された関数とする. $f(x)$ は I の有限個の点 $x_1, x_2, \cdots, x_m$ を除いて連続で, 各点 x_k において, 左側および右側極限

$$\lim_{x \to x_k-0} f(x) = f(x_k - 0)$$

$$\lim_{x \to x_k+0} f(x) = f(x_k + 0)$$

が存在する(もし, $x_1 = a$ ならば右側極限が, もし $x_m = b$ ならば左側極限が存在する)とき, $f(x)$ は I で区分的に連続であるという.

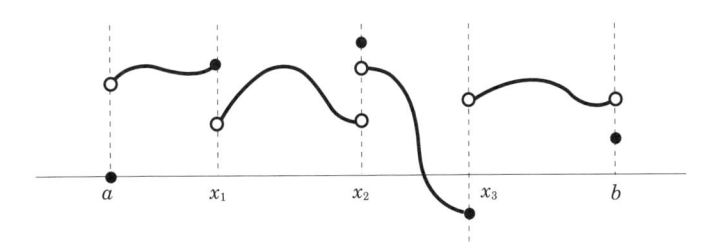

$f(x)$ は無限区間 I で定義された関数とする. $f(x)$ が任意の有限区間 $J \subset I$ で区分的に連続のとき, $f(x)$ は I で区分的に連続であるという(有限区間 I で定義された区分的に連続な関数 $f(x)$ は I で積分可能である).

$f(x)$ が偶関数または奇関数のとき, 次の式が成り立つ.

① $f(x)$ が偶関数 ($f(-x) = f(x)$) のとき

$$a_n = \frac{2}{\pi} \int_0^\pi f(x) \cos nx \, dx \quad (n = 0, 1, 2, \cdots)$$
$$b_n = 0 \quad (n = 1, 2, \cdots)$$
(1.1.6)

$$\therefore f(x) \sim \frac{a_0}{2} + a_1 \cos x + a_2 \cos 2x + \cdots$$

この右辺の級数を**フーリエ余弦級数**という。

② $f(x)$ が奇関数 ($f(-x) = -f(x)$) のとき

$$a_n = 0 \quad (n = 0, 1, 2, \cdots)$$
$$b_n = \frac{2}{\pi} \int_0^\pi f(x) \sin nx \, dx \quad (n = 1, 2, \cdots)$$
(1.1.7)

$$\therefore f(x) \sim b_1 \sin x + b_2 \sin 2x + b_3 \sin 3x + \cdots$$

(この右辺の級数を**フーリエ正弦級数**という)

例 1 次の積分を求めよ(ただし, $n = 1, 2, \cdots$)。

(1) $\int_0^\pi \cos nx \, dx$ (2) $\int_0^\pi x \sin nx \, dx$ (3) $\int_0^\pi e^x \cos nx \, dx$

(4) $\int_0^\pi e^x \sin nx \, dx$ (5) $\int_{-\pi}^0 \sin \frac{x}{2} \cos nx \, dx$ (6) $\int_{-\pi}^0 x^2 \sin nx \, dx$

(解答)

(1) $\int_0^\pi \cos nx \, dx = \frac{1}{n}[\sin nx]_0^\pi = 0$

(2) $\int_0^\pi x \sin nx \, dx = \left[-\frac{x}{n} \cos nx\right]_0^\pi + \frac{1}{n} \int_0^\pi \cos nx \, dx$

$= -\frac{\pi}{n} \cos n\pi = (-1)^{n+1} \frac{\pi}{n}$

(3), (4) $I = \int_0^\pi e^x \cos nx \, dx$, $J = \int_0^\pi e^x \sin nx \, dx$ とおくと

$I = \int_0^\pi e^x \cos nx \, dx = \left[\frac{e^x}{n} \sin nx\right]_0^\pi - \frac{1}{n} \int_0^\pi e^x \sin nx \, dx = -\frac{1}{n} J$

$$J = \int_0^\pi e^x \sin nx\, dx = \left[-\frac{e^x}{n}\cos nx\right]_0^\pi + \frac{1}{n}\int_0^\pi e^x \cos nx\, dx$$

$$= -\left(\frac{e^\pi}{n}\cos n\pi - \frac{1}{n}\right) + \frac{1}{n}I$$

$$\therefore\ I = \frac{1}{n^2}\{(-1)^n e^\pi - 1\} - \frac{1}{n^2}I$$

$$\therefore\ \begin{cases} I = \dfrac{1}{n^2+1}\{(-1)^n e^\pi - 1\} \\[2mm] J = \dfrac{-n}{n^2+1}\{(-1)^n e^\pi - 1\} \end{cases}$$

(5) $\displaystyle\int_{-\pi}^0 \sin\frac{x}{2}\cos nx\, dx = \frac{1}{2}\int_{-\pi}^0 \left\{\sin\left(\frac{x}{2}+nx\right)+\sin\left(\frac{x}{2}-nx\right)\right\}dx$

$$= \left[\frac{1}{2n-1}\cos\frac{2n-1}{2}x - \frac{1}{2n+1}\cos\frac{2n+1}{2}x\right]_{-\pi}^0 = \frac{2}{4n^2-1}$$

(6) $\displaystyle\int_{-\pi}^0 x^2 \sin nx\, dx = -\int_0^\pi x^2 \sin nx\, dx = \left[\frac{x^2}{n}\cos nx\right]_0^\pi - \frac{2}{n}\int_0^\pi x\cos nx\, dx$

$$= (-1)^n \frac{\pi^2}{n} - \frac{2}{n}\left(\left[\frac{x}{n}\sin nx\right]_0^\pi - \frac{1}{n}\int_0^\pi \sin nx\, dx\right)$$

$$= (-1)^n \frac{\pi^2}{n} - \frac{2}{n^3}[\cos nx]_0^\pi = (-1)^n \frac{\pi^2}{n} + \frac{1}{n^3}\{(-1)^n - 1\}$$

$$= \begin{cases} -\left(\dfrac{\pi^2}{n}+\dfrac{4}{n^3}\right) & (n:奇数) \\[2mm] \dfrac{\pi^2}{n} & (n:偶数) \end{cases}$$

例2 次の周期 2π の関数 $f(x)$ をフーリエ展開せよ。また,第5項までの和 S_5 のグラフを描け。

(1) $f(x) = x \quad (-\pi < x \leqq \pi)$ 　　(2) $f(x) = \sin^2 x \quad (-\pi < x \leqq \pi)$

(3) $f(x) = \begin{cases} 1 & (0 \leqq x \leqq \pi) \\ 0 & (-\pi < x < 0) \end{cases}$ 　　(4) $f(x) = \begin{cases} c & (0 < x \leqq \pi) \\ -c & (-\pi < x < 0) \end{cases}$

　　　　　　　　　　　　　　　　　　　　　　　(ただし $c > 0$)

(解答) (1) $f(x) = x$ は奇関数であるから,(1.1.7)式により,$a_n = 0$ である。

また,例1(2)によって

$$b_n = \frac{2}{\pi}\int_0^\pi x\sin nx\,dx = (-1)^{n+1}\frac{2}{n}$$

したがって

$$f(x) \sim 2\left(\sin x - \frac{1}{2}\sin 2x + \frac{1}{3}\sin 3x - \cdots\right)$$

$$2\left(\mathrm{Sin}[x] - \frac{1}{2}\mathrm{Sin}[2x] + \frac{1}{3}\mathrm{Sin}[3x] - \frac{1}{4}\mathrm{Sin}[4x] + \frac{1}{5}\mathrm{Sin}[5x]\right)$$

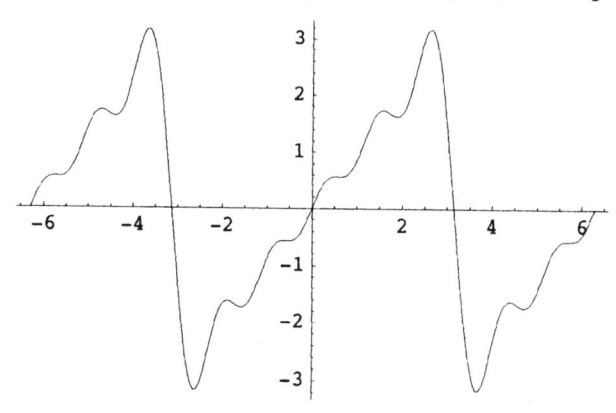

(2) $f(x) = \sin^2 x$ は偶関数であるから,(1.1.6)式により,$b_n = 0$ である。

$$a_0 = \frac{2}{\pi}\int_0^\pi \sin^2 x\,dx = \frac{1}{\pi}\left[x - \frac{1}{2}\sin 2x\right]_0^\pi = 1$$

$$a_n = \frac{2}{\pi}\int_0^\pi \sin^2 x \cos nx\,dx$$

$$= \frac{1}{\pi}\int_0^\pi (\cos nx - \cos 2x \cos nx)\,dx = \begin{cases} -\dfrac{1}{2} & (n=2) \\ 0 & (n \neq 2) \end{cases}$$

$\therefore\ f(x) \sim \dfrac{1}{2} - \dfrac{1}{2}\cos 2x$

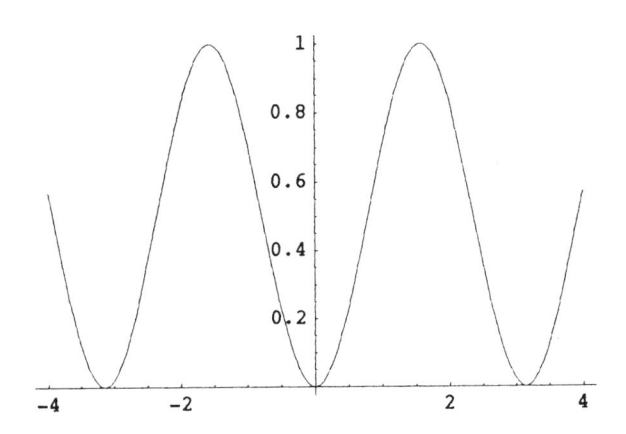

(3) $a_0 = \dfrac{1}{\pi}\displaystyle\int_{-\pi}^{\pi} f(x)dx = \dfrac{1}{\pi}\int_0^{\pi} dx = 1$

$a_n = \dfrac{1}{\pi}\displaystyle\int_{-\pi}^{\pi} f(x)\cos nx\,dx = \dfrac{1}{\pi}\int_0^{\pi}\cos nx\,dx = 0$

$b_n = \dfrac{1}{\pi}\displaystyle\int_{-\pi}^{\pi} f(x)\sin nx\,dx = \dfrac{1}{\pi}\int_0^{\pi}\sin nx\,dx = \dfrac{1}{\pi}\left[-\dfrac{1}{n}\cos nx\right]_0^{\pi}$

$= \dfrac{1}{n\pi}(1-\cos n\pi) = \begin{cases} \dfrac{2}{n\pi} & (n=1,\,3,\,5,\cdots) \\ 0 & (n=2,\,4,\,6,\cdots) \end{cases}$

$f(x) \sim \dfrac{1}{2} + \dfrac{2}{\pi}\left(\sin x + \dfrac{1}{3}\sin 3x + \dfrac{1}{5}\sin 5x + \cdots\right)$

(4) (1.1.7)式により，$a_n = 0$ である。

$b_n = \dfrac{2c}{\pi}\displaystyle\int_0^{\pi}\sin nx\,dx = \dfrac{2c}{\pi}\left[-\dfrac{1}{\pi}\cos nx\right]_0^{\pi}$

$= \dfrac{2c}{n\pi}\{1-(-1)^n\} = \begin{cases} \dfrac{4c}{n\pi} & (n=1,\,3,\,5,\cdots) \\ 0 & (n=2,\,4,\,6,\cdots) \end{cases}$

$\therefore\ f(x) \sim \dfrac{4c}{\pi}\left(\sin x + \dfrac{1}{3}\sin 3x + \dfrac{1}{5}\sin 5x + \cdots\right)$

$$\frac{1}{2} + \frac{2\left(\mathrm{Sin}[x] + \frac{1}{3}\mathrm{Sin}[3x] + \frac{1}{5}\mathrm{Sin}[5x] + \frac{1}{7}\mathrm{Sin}[7x]\right)}{\pi}$$

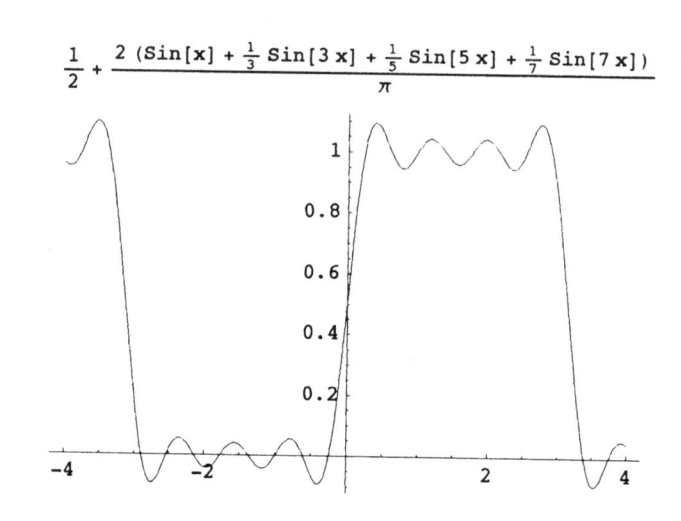

$$\frac{1}{\pi}\left(4\left(\mathrm{Sin}[x] + \frac{1}{3}\mathrm{Sin}[3x] + \frac{1}{5}\mathrm{Sin}[5x] + \frac{1}{7}\mathrm{Sin}[7x] + \frac{1}{9}\mathrm{Sin}[9x] + \frac{1}{11}\mathrm{Sin}[11x]\right)\right)$$

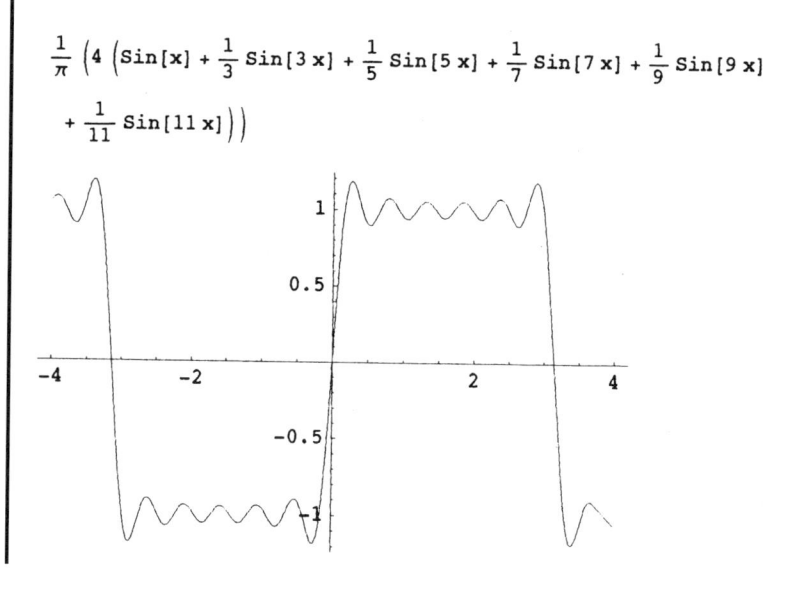

$f(x)$ を区間 $[a, a+2\pi]$ で定義された関数とし,$g(x)$ を区間 $(-\infty, \infty)$ で定義された関数とする。$x - x' = 2k\pi$ $(k = 0, \pm 1, \pm 2, \cdots)$ となる $x' \in [a, a+2\pi]$ に対して $g(x) = f(x')$ となるとき,$g(x)$ を $f(x)$ の(周期 2π の)**周期的拡張**という。関

数 $f(x)$ $(0 \leq x < \pi)$ に対して,

$$\tilde{f}(x) = f(x) \qquad (0 < x < \pi)$$
$$= f(-x) \qquad (-\pi < x < 0)$$

とおき，この $\tilde{f}(x)$ を周期的に拡張した関数 $g(x)$ を偶関数としての $f(x)$ の周期的拡張といい，同様にして

$$\tilde{f}(x) = f(x) \qquad (0 < x < \pi)$$
$$= -f(-x) \qquad (-\pi < x < 0)$$

とおき，この周期的拡張を $f(x)$ の奇関数としての周期的拡張という。

$f(x)$ $(0 < x < \pi)$ の偶関数あるいは奇関数としての周期的拡張のフーリエ級数を，それぞれ $f(x)$ の**フーリエ余弦級数**，**フーリエ正弦級数**という。

例3 次の関数のフーリエ余弦級数，フーリエ正弦級数を求めよ。

$$f(x) = \begin{cases} x & \left(0 \leq x < \dfrac{\pi}{2}\right) \\ 0 & \left(\dfrac{\pi}{2} \leq x < \pi\right) \end{cases}$$

(解答) $f(x)$ の余弦級数

$$a_0 = \frac{2}{\pi} \int_0^\pi f(x)\,dx = \frac{2}{\pi} \int_0^{\frac{\pi}{2}} x\,dx = \frac{\pi}{4}$$

$$a_n = \frac{2}{\pi} \int_0^\pi f(x) \cos nx\,dx = \frac{2}{\pi} \int_0^{\frac{\pi}{2}} x \cos nx\,dx$$

$$= \frac{2}{\pi} \left[\frac{x}{n} \sin nx + \frac{1}{n^2} \cos nx \right]_0^{\frac{\pi}{2}}$$

$$= \frac{1}{n} \sin \frac{n\pi}{2} + \frac{2}{\pi n^2} \left(\cos \frac{n\pi}{2} - 1 \right) = \begin{cases} \dfrac{1}{n} - \dfrac{2}{\pi n^2} & (n = 1,\ 5,\ 9, \cdots) \\ -\dfrac{4}{\pi n^2} & (n = 2,\ 6,\ 10, \cdots) \\ -\dfrac{1}{n} - \dfrac{2}{\pi n^2} & (n = 3,\ 7,\ 11, \cdots) \\ 0 & (n = 4,\ 8,\ 12, \cdots) \end{cases}$$

$$\therefore\ f(x) = \frac{\pi}{8} + \left(1 - \frac{2}{\pi}\right)\cos x - \frac{1}{\pi}\cos 2x - \left(\frac{1}{3} + \frac{2}{9\pi}\right)\cos 3x + \cdots$$

$f(x)$ の正弦級数

$$b_n = \frac{2}{\pi}\int_0^\pi f(x)\sin nx\,dx = \frac{2}{\pi}\int_0^{\frac{\pi}{2}} x\sin nx\,dx$$

$$= \frac{2}{\pi}\left[-\frac{x}{n}\cos nx + \frac{1}{n^2}\sin nx\right]_0^{\frac{\pi}{2}}$$

$$= \frac{2}{\pi}\left(\frac{1}{n^2}\sin\frac{n\pi}{2} - \frac{\pi}{2n}\cos\frac{n\pi}{2}\right) = \begin{cases} \dfrac{2}{n^2\pi} & (n = 1,\ 5,\ 9,\cdots) \\[4pt] \dfrac{1}{n} & (n = 2,\ 6,\ 10,\cdots) \\[4pt] -\dfrac{2}{n^2\pi} & (n = 3,\ 7,\ 11,\cdots) \\[4pt] -\dfrac{1}{n} & (n = 4,\ 8,\ 12,\cdots) \end{cases}$$

$$\therefore\ f(x) = \frac{2}{\pi}\sin x + \frac{1}{2}\sin 2x - \frac{2}{3^2\pi}\sin 3x - \frac{1}{4}\sin 4x + \cdots$$

問題

〔1〕 (1.1.3)式を証明せよ。

〔2〕 (1.1.6), (1.1.7)式を証明せよ。

〔3〕 次の関数のグラフを描け。
  (1) $f(x) = \sin x + \cos x$
  (2) $f(x) = \sin x + \sin 2x$
  (3) $f(x) = \dfrac{1}{2}\cos x + \dfrac{1}{3}\cos 3x$
  (4) $f(x) = \sin \dfrac{\pi x}{3} + \sin \dfrac{4\pi x}{3}$
  (5) $f(x) = \cos \dfrac{\pi x}{2} + 2\cos \pi x + 3\cos \dfrac{3\pi x}{2}$

〔4〕 次の関数の周期的拡張のグラフを描け。
  (1) $f(x) = x \quad (\pi < x < 3\pi)$
  (2) $f(x) = |x| \quad (|x| < \pi)$
  (3) $f(x) = \sin \dfrac{x}{2} \quad (|x| < \pi)$
  (4) $f(x) = \cos 3x \quad (0 < x < 2\pi)$
  (5) $f(x) = \begin{cases} 0 & (0 < x < \pi) \\ 1 & (\pi < x < 2\pi) \end{cases}$
  (6) $f(x) = \begin{cases} 0 & (0 < x < \pi) \\ 1 & (\pi < x < 2\pi) \end{cases}$
  (7) $f(x) = \begin{cases} \dfrac{\pi}{2} - |x| & \left(|x| < \dfrac{\pi}{2}\right) \\ 0 & \left(\dfrac{\pi}{2} < |x| < \pi\right) \end{cases}$
  (8) $f(x) = \begin{cases} 1 & (-\pi < x < 0) \\ \cos 2x & (0 < x < \pi) \end{cases}$

〔5〕 次の関数を偶関数および奇関数として周期的に拡張し、そのグラフを描け。
  (1) $f(x) = x \quad (0 < x < \pi)$
  (2) $f(x) = a \quad (0 < x < \pi)$ (a は定数)
  (3) $f(x) = \pi - x \quad (0 < x < \pi)$
  (4) $f(x) = x^2 \quad (0 \leq x < \pi)$
  (5) $f(x) = \begin{cases} x & \left(0 < x < \dfrac{\pi}{2}\right) \\ 0 & \left(\dfrac{\pi}{2} < x < \pi\right) \end{cases}$
  (6) $f(x) = \begin{cases} 0 & \left(0 < x < \dfrac{2}{3}\pi\right) \\ x & \left(\dfrac{2}{3}\pi < x < \pi\right) \end{cases}$

(7) $f(x) = \begin{cases} \dfrac{\pi^2}{4} - x^2 & \left(0 < x < \dfrac{\pi}{2}\right) \\ 0 & \left(\dfrac{\pi}{2} < x < \pi\right) \end{cases}$

[6] 次の関係式を満たす関数 $f(x)$ はどのようになっているか。

(1) $f(2a - x) = f(x)$ (2) $f(2a - x) = -f(x)$

[7] 次の積分の値を求めよ（ただし，a, $b \neq 0$）。

(1) $\displaystyle\int_{-\frac{\pi}{2}}^{0} \sin ax\, dx$ (2) $\displaystyle\int_{-\frac{\pi}{2}}^{0} \cos ax\, dx$ (3) $\displaystyle\int_{0}^{\pi} x \sin ax\, dx$

(4) $\displaystyle\int_{0}^{2L} \cos ax \cos bx\, dx$ (5) $\displaystyle\int_{0}^{2L} (\sin ax)^2\, dx$

(6) $\displaystyle\int_{0}^{\pi} e^{ax} \sin bx\, dx$ (7) $\displaystyle\int_{-\pi}^{0} e^{ax} \cos bx\, dx$

(8) $\displaystyle\int_{0}^{\pi} x^2 \sin ax\, dx$ (9) $\displaystyle\int_{0}^{\pi} x^2 \cos ax\, dx$

(10) $\displaystyle\int_{0}^{\pi} x^3 \sin ax\, dx$ (11) $\displaystyle\int_{0}^{\pi} x^3 \cos ax\, dx$

[8] 次の関数についてフーリエ展開せよ。

(1) $f(x) = |x|$ $(|x| < \pi)$ (2) $f(x) = x^2$ $(|x| < \pi)$

(3) $f(x) = \begin{cases} 0 & (-\pi < x < 0) \\ a & (0 < x < \pi) \end{cases}$ (4) $f(x) = \begin{cases} 0 & (-\pi < x < 0) \\ x & (0 < x < \pi) \end{cases}$

(5) $f(x) = \begin{cases} 0 & (-\pi < x < 0) \\ \sin x & (0 < x < \pi) \end{cases}$ (6) $f(x) = \begin{cases} 0 & (-\pi < x < 0) \\ \cos x & (0 < x < \pi) \end{cases}$

(7) $f(x) = \begin{cases} \pi + x & (-\pi < x < 0) \\ \pi - x & (0 < x < \pi) \end{cases}$ (8) $f(x) = \begin{cases} \pi + x & (-\pi < x < 0) \\ x & (0 < x < \pi) \end{cases}$

(9) $f(x) = \begin{cases} -x & (-\pi < x < 0) \\ \pi - x & (0 < x < \pi) \end{cases}$ (10) $f(x) = \begin{cases} (\pi + x)^2 & (-\pi < x < 0) \\ x^2 & (0 < x < \pi) \end{cases}$

〔9〕〔8〕の各関数のフーリエ級数の第4項までの和のグラフを描け。

〔10〕 次の関数をフーリエ正弦級数，フーリエ余弦級数に展開せよ．
 (1) $f(x) = \sin x \quad (0 < x < \pi)$ (2) $f(x) = \cos x \quad (0 < x < \pi)$
 (3) $f(x) = \sin \frac{x}{2} \quad (0 < x < \pi)$ (4) $f(x) = \cos \frac{x}{3} \quad (0 < x < \pi)$
 (5) $f(x) = x \quad (0 < x < \pi)$ (6) $f(x) = x^2 \quad (0 < x < \pi)$
 (7) $f(x) = x^3 \quad (0 < x < \pi)$ (8) $f(x) = e^{ax} \quad (0 < x < \pi) \quad (a > 0)$
 (9) $f(x) = \begin{cases} 1 & \left(0 < x < \frac{\pi}{2}\right) \\ 0 & \left(\frac{\pi}{2} < x < \pi\right) \end{cases}$ (10) $f(x) = \begin{cases} x & \left(0 < x < \frac{\pi}{2}\right) \\ \pi - x & \left(\frac{\pi}{2} < x < \pi\right) \end{cases}$
 (11) $f(x) = \sin^2 x \quad (0 < x < \pi)$ (12) $f(x) = \cos^2 x \quad (0 < x < \pi)$

〔11〕 $\sin^2 x$, $\cos^2 x$, $\sin^3 x$, $\cos^3 x$ のフーリエ級数をつくることにより，次の2倍角，3倍角の公式を証明せよ．
 (1) $\cos 2x = 1 - 2\sin^2 x = 2\cos^2 x - 1$
 (2) $\sin 3x = 3 \sin x - 4 \sin^3 x$
 (3) $\cos 3x = 4 \cos^3 x - 3 \cos x$

〔12〕〔8〕で求めたフーリエ級数に対して，定理1の不連続性に関する命題を確かめよ．

2 一般の周期関数

実数 **R** 上の関数 $f(x)$ が，一つの数 L と，すべての実数 x に対して

$$f(x+2L) = f(x) \tag{1.2.1}$$

を満たすとき，$f(x)$ は周期 $2L$ の**周期関数**であるという（$2L$ を $f(x)$ の**周期**という）。(1.2.1)式において，$L<0$ とすると，すべての x に対して，$f(x-L)=f(x)$ となる。したがって，$L>0$ としてよい。また，$f(x+2nL)=f(x)$ ($n=1, 2, \cdots$) となり，$2nL$ もまた周期となる。したがって，$L>0$ で最小となるものが問題で，以後，単に周期とはこのようなものとする。

$f(x)$ を（計算の都合上）周期 $2L$ の周期関数とする。このとき

$$t = \frac{\pi}{L}x, \quad x = \frac{L}{\pi}t \tag{1.2.2}$$

とおき

$$f(x) = f\left(\frac{L}{\pi}t\right) = g(t)$$

とおくと，$g(t)$ は周期 2π の関数となり，したがって，第1節 (1.1.4) 式は次のようになる。

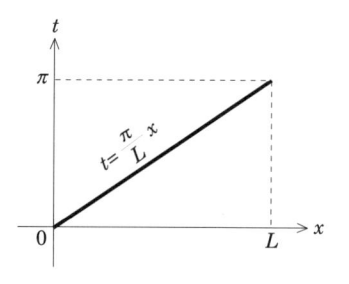

$$\left.\begin{aligned} a_0 &= \frac{1}{\pi}\int_{-\pi}^{\pi} g(t)\,dt = \frac{1}{L}\int_{-L}^{L} f(x)\,dx \\ a_n &= \frac{1}{\pi}\int_{-\pi}^{\pi} g(t)\cos nt\,dt = \frac{1}{L}\int_{-L}^{L} f(x)\cos\frac{n\pi x}{L}\,dx \\ b_n &= \frac{1}{\pi}\int_{-\pi}^{\pi} g(t)\sin nt\,dt = \frac{1}{L}\int_{-L}^{L} f(x)\sin\frac{n\pi x}{L}\,dx \end{aligned}\right\} \tag{1.2.3}$$

したがって，第1節 (1.1.5) 式は次のようになる（以下，$f(x)$ の周期を $2L$ とする）。

$$f(x) \sim \frac{a_0}{2} + \sum_{n=1}^{\infty}\left(a_n \cos\frac{n\pi x}{L} + b_n \sin\frac{n\pi x}{L}\right) \tag{1.2.4}$$

（ただし，係数は (1.2.3) 式によって与えられる）

また，同様にして，第1節(1.1.6), (1.1.7)式は次のようになる。

$f(x)$が偶関数ならば

$$\left.\begin{array}{l} a_n = \dfrac{2}{L}\displaystyle\int_0^L f(x)\cos\dfrac{n\pi x}{L}dx \quad (n=0,\ 1,\ 2,\cdots) \\ b_n = 0 \end{array}\right\} \quad (1.2.5)$$

$f(x)$が奇関数ならば

$$\left.\begin{array}{l} a_n = 0 \\ b_n = \dfrac{2}{L}\displaystyle\int_0^L f(x)\sin\dfrac{n\pi x}{L}dx \quad (n=1,\ 2,\cdots) \end{array}\right\} \quad (1.2.6)$$

例 1 関数 $f(x)=x\ (-L<x\leq L)$（周期 $2L$）をフーリエ展開せよ。

(解答) $f(x)$ は奇関数であるから，(1.2.6)式より

$a_n = 0 \quad (n=0,\ 1,\ 2,\cdots)$

$b_n = \dfrac{2}{L}\displaystyle\int_0^L x\sin\dfrac{n\pi x}{L}dx = \dfrac{2L}{\pi^2}\displaystyle\int_0^\pi t\sin nt\,dt = (-1)^{n+1}\dfrac{2}{n\pi}L$

$\therefore\quad f(x)\ \ \dfrac{2L}{\pi}\left(\sin\dfrac{\pi x}{L} - \dfrac{1}{2}\sin\dfrac{2\pi x}{L} + \dfrac{1}{3}\sin\dfrac{3\pi x}{L} - \cdots\right)$

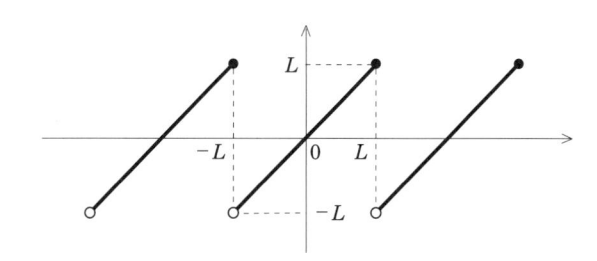

周期 $2L$ の場合に，周期的拡張，偶関数あるいは奇関数としての周期的拡張，$f(x)$ のフーリエ正弦級数，余弦級数展開などを周期が 2π の場合と同様に定義する。

例2 周期4の関数

$$f(x) = \begin{cases} x & (0 \leq x < 1) \\ 1 & (1 \leq x < 2) \end{cases}$$

をフーリエ余弦級数，フーリエ正弦級数に展開せよ．

(解答) フーリエ余弦級数は$f(x)$を偶関数として拡張すると，

$$f(x) = -x \quad (-1 \leq x < 0)$$
$$= 1 \quad (-2 < x \leq -1)$$

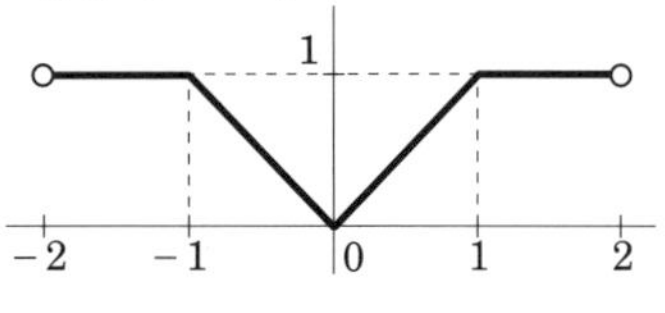

これより

$$a_0 = \int_0^2 f(x)dx = \left(\int_0^1 x\,dx + \int_1^2 1\,dx\right) = \frac{3}{2}$$

$$a_n = \int_0^2 f(x)\cos\frac{n\pi x}{2}dx = \left\{\int_0^1 x\cos\frac{n\pi}{2}x\,dx + \int_1^2 1\cos\frac{n\pi}{2}x\,dx\right\}$$

$$= \left[\frac{2x}{n\pi}\sin\frac{n\pi x}{2} + \left(\frac{2}{n\pi}\right)^2\cos\frac{n\pi x}{2}\right]_0^1 + \left[\frac{2}{n\pi}\sin\frac{n\pi x}{2}\right]_1^2$$

$$= \left(\frac{2}{n\pi}\right)^2\left(\cos\frac{n\pi}{2} - 1\right)$$

$$\therefore \quad f(x) \sim \frac{3}{4} + 4\sum_{n=1}^{\infty}\frac{1}{\pi^2 n^2}\left(\cos\frac{n\pi}{2} - 1\right)\cos\frac{n\pi}{2}x$$

フーリエ正弦級数のときは，$f(x)$を奇関数として拡張すると，

$$f(x) = x \quad (-1 \leq x < 0)$$
$$= -1 \quad (-2 \leq x < -1)$$

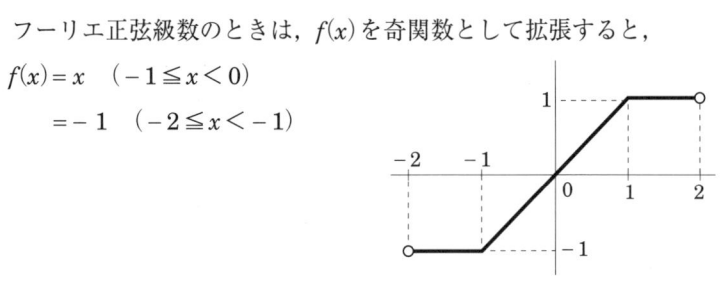

$$b_n = \int_0^2 f(x)\sin\frac{n\pi x}{2}dx = \int_0^1 x\sin\frac{n\pi x}{2}dx + \int_1^2 \sin\frac{n\pi x}{2}dx$$

$$= \left[-\frac{2x}{n\pi}\cos\frac{n\pi x}{2} + \left(\frac{2}{n\pi}\right)^2 \sin\frac{n\pi x}{2}\right]_0^1 - \left[\frac{2}{n\pi}\cos\frac{n\pi x}{2}\right]_1^2$$

$$= \left(\frac{2}{n\pi}\right)^2 \sin\frac{n\pi}{2} + (-1)^{n+1}\frac{2}{n\pi}$$

$$\therefore \quad f(x) \sim \sum_{n=1}^{\infty}\left[\left(\frac{2}{n\pi}\right)^2 \sin\frac{n\pi}{2} + (-1)^{n+1}\frac{2}{n\pi}\right]\sin\frac{n\pi}{2}x$$

例3 周期2の関数

$$f(x) = |\sin\pi x| \quad (-1 < x \leqq 1)$$

のフーリエ級数を求め,$f(x)$ および最初の3項の部分和 S_3 のグラフを描け。

(解答) $f(x)$ は偶関数であるから,$f(x)$ のフーリエ級数は余弦級数である。

$$a_0 = 2\int_0^1 \sin\pi x\,dx = 2\left[-\frac{1}{\pi}\cos\pi x\right]_0^1 = -\frac{2}{\pi}(\cos\pi - 1) = \frac{4}{\pi}$$

$$a_1 = 2\int_0^1 \sin\pi x\cos\pi x\,dx = \frac{1}{\pi}\left[(\sin\pi x)^2\right]_0^1 = 0$$

$$a_n = 2\int_0^1 \sin\pi x\cos n\pi x\,dx$$

$$= \int_0^1 \{\sin(n+1)\pi x - \sin(n-1)\pi x\}dx \quad (n \geqq 2)$$

$$= \left[\frac{1}{(n-1)\pi}\cos(n-1)\pi x - \frac{1}{(n+1)\pi}\cos(n+1)\pi x\right]_0^1$$

$$= \left(\left\{\frac{(-1)^{n-1}}{(n-1)\pi} - \frac{(-1)^{n+1}}{(n+1)\pi}\right\} - \left\{\frac{1}{(n-1)\pi} - \frac{1}{(n+1)\pi}\right\}\right)$$

$$= \frac{2}{(n^2-1)\pi}\{(-1)^{n-1} - 1\} = \begin{cases} -\dfrac{4}{(n^2-1)\pi} & (n=2,4,6,\cdots) \\ 0 & (n=1,3,5,\cdots) \end{cases}$$

$$\therefore \quad f(x) \sim \frac{4}{\pi}\left(\frac{1}{2} - \frac{1}{3}\cos 2\pi x - \frac{1}{15}\cos 4\pi x - \cdots\right)$$

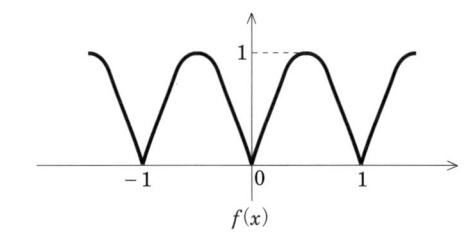

$$S_3 = \frac{4}{\pi}\left(\frac{1}{2} - \frac{1}{3}\cos 2\pi x - \frac{1}{15}\cos 4\pi x\right)$$

問 題

〔1〕 次の関数の周期を求めよ（ただし，$a>0$）。

(1) $\sin ax$ (2) $\cos ax$ (3) $|\sin x|$

(4) $\sin \dfrac{x}{2} + \sin \dfrac{x}{3} + \sin \dfrac{x}{5}$ (5) $\cos x + \sin x$

(6) $\sin \dfrac{x}{3} + \tan x$ (7) $(\cos x)^2 + \sin x + 3$

〔2〕 周期が $2L$ である次の関数 $f(x)$ のフーリエ級数を求めよ。

(1) $f(x) = x$ $(-1 < x < 1)$, $L = 1$

(2) $f(x) = x^2$ $(-2 < x < 2)$, $L = 2$

(3) $f(x) = x^3$ $(|x| < 1)$, $L = 1$

(4) $f(x) = |x|$ $(|x| < 1)$, $L = 1$

(5) $f(x) = e^x$ $(|x| < 1)$, $L = 1$

(6) $f(x) = 2 - |x|$ $(|x| < 2)$, $L = 2$

(7) $f(x) = \sin \dfrac{x}{4}$ $(-2\pi < x < 2\pi)$, $L = 2\pi$

(8) $f(x) = 4 - x^2$ $(-2 < x < 2)$, $L = 2$

(9) $f(x) = \sin \dfrac{\pi x}{3}$ $(-3 < x < 3)$, $L = 3$

(10) $f(x) = (\cos \pi x)^2$ $(|x| < 1)$, $L = 1$

(11) $f(x) = \begin{cases} -1 & (-1 < x < 0) \\ 1 & (0 < x < 1) \end{cases}$, $L = 1$

(12) $f(x) = \begin{cases} 0 & (-3 < x < 0) \\ x & (0 < x < 3) \end{cases}$, $L = 3$

(13) $f(x) = \begin{cases} -a & (-L < x < 0) \\ bx & (0 < x < L) \end{cases}$, $(a, b > 0)$

(14) $f(x) = \begin{cases} 0 & (-L < x < 0) \\ x^2 & (0 < x < L) \end{cases}$

〔3〕 次の周期$2L$の関数のフーリエ正弦級数，フーリエ余弦級数を求めよ。

(1) $f(x) = x \quad (0 < x < L)$

(2) $f(x) = x^2 \quad (0 < x < 1), \ L = 1$

(3) $f(x) = x^3 \quad (0 < x < 1), \ L = 1$

(4) $f(x) = \sin 2\pi x \quad (0 < x < 1), \ L = 1$

(5) $f(x) = \begin{cases} 1 & (0 < x < 1) \\ -1 & (1 < x < 2) \end{cases}, \ L = 2$

(6) $f(x) = \begin{cases} 0 & \left(0 < x < \dfrac{1}{2}\right) \\ x - \dfrac{1}{2} & \left(\dfrac{1}{2} < x < 1\right) \end{cases}, \ L = 1$

(7) $f(x) = \begin{cases} \cos\dfrac{\pi x}{2} & (0 < x < 1) \\ 0 & (1 < x < 2) \end{cases}, \ L = 2$

(8) $f(x) = \begin{cases} 0 & (0 < x < 1) \\ 1 & (1 < x < 3) \end{cases}, \ L = 3$

(9) $f(x) = 1 - x^2 \quad (0 < x < 2), \ L = 2$

(10) $f(x) = x - x^2 \quad (0 < x < 1), \ L = 1$

(11) $f(x) = (\cos \pi x)^2 \quad (0 < x < 1), \ L = 1$

(12) $f(x) = x - \dfrac{1}{2} \quad (0 < x < 1), \ L = 1$

(13) $f(x) = e^x \quad (0 < x < 1), \ L = 1$

〔4〕 区間$[-L, L]$で定義された関数$f(x)$は偶関数と奇関数の和で表されることを示せ．これを用いて，次の関数の周期的拡張(周期$2L$)のフーリエ級数を求めよ．

(1) $f(x) = x^2 - 2x - 3 \quad (-3 < x < 3), \ L = 3$

(2) $f(x) = x^3 + 2x^2 \quad (-1 < x < 1), \ L = 1$

3 複素フーリエ級数

周期を 2π とする関数 $f(x)$ のフーリエ展開は，第1節により

$$\left.\begin{array}{l} f(x) \sim \dfrac{a_0}{2} + \displaystyle\sum_{n=1}^{\infty}(a_n \cos nx + b_n \sin nx) \\[6pt] a_n = \dfrac{1}{\pi}\displaystyle\int_{-\pi}^{\pi} f(x) \cos nx\, dx \\[6pt] b_n = \dfrac{1}{\pi}\displaystyle\int_{-\pi}^{\pi} f(x) \sin nx\, dx \end{array}\right\} \tag{1.3.1}$$

と表される。これを複素形で表す。そのために，**オイラー(Euler)の公式**

$$e^{i\theta} = \cos\theta + i\sin\theta, \quad e^{-i\theta} = \cos\theta - i\sin\theta \tag{1.3.2}$$

により

$$\cos\theta = \frac{e^{i\theta} + e^{-i\theta}}{2}, \quad \sin\theta = \frac{e^{i\theta} - e^{-i\theta}}{2i} \tag{1.3.3}$$

$$\therefore\ a_n \cos nx + b_n \sin nx = a_n \frac{e^{inx} + e^{-inx}}{2} + b_n \frac{e^{inx} - e^{-inx}}{2i}$$

$$= \left(\frac{a_n - ib_n}{2}\right)e^{inx} + \left(\frac{a_n + ib_n}{2}\right)e^{-inx}$$

いま

$$c_n = \frac{a_n - ib_n}{2}, \quad c_{-n} = \bar{c}_n = \frac{a_n + ib_n}{2}, \quad c_0 = \frac{a_0}{2} \tag{1.3.4}$$

とおくと

$$a_n \cos nx + b_n \sin nx = c_n e^{inx} + c_{-n} e^{-inx} \tag{1.3.5}$$

したがって，$f(x)$ のフーリエ級数の複素形は

$$f(x) \sim c_0 + \sum_{n=1}^{\infty}\left(c_n e^{inx} + c_{-n} e^{-inx}\right)$$

これを，次のように表す。

$$f(x) \sim \sum_{n=-\infty}^{\infty} c_n e^{inx} \tag{1.3.6}$$

$$c_n = \frac{1}{2\pi}\int_{-\pi}^{\pi} f(x)e^{-inx}dx \quad (n=0,\ \pm 1,\ \pm 2,\cdots) \tag{1.3.7}$$

(1.3.6)式の形を**複素フーリエ級数**といい，(1.3.1)式の形を**実フーリエ級数**という。また，(1.3.7)式の形を**複素フーリエ係数**という。

$f(x)$の周期が$2L$のときは，前節と同じ議論によって，この複素フーリエ級数は次のようになる。

$$f(x) \sim \sum_{n=-\infty}^{\infty} c_n e^{i\frac{n\pi x}{L}} \tag{1.3.8}$$

$$c_n = \frac{1}{2L}\int_{-L}^{L} f(x)e^{-i\frac{n\pi x}{L}}dx \quad (n=0,\ \pm 1,\ \pm 2,\cdots) \tag{1.3.9}$$

例1 $f(x)$が偶関数のとき，複素フーリエ級数c_nは実数であり，$f(x)$が奇関数のとき，c_nは純虚数となることを示せ。

(解答) $c_n = \dfrac{a_n - ib_n}{2}\ (a_n,\ b_n：実数)$であるから

$f(x)：偶関数 \Rightarrow b_n = 0 \Rightarrow c_n：実数$

$f(x)：奇関数 \Rightarrow a_n = 0 \Rightarrow c_n：純虚数$

例2 周期2πの関数$f(x) = e^x\ (-\pi < x \leq \pi)$の複素フーリエ級数を求めよ。

(解答)
$$c_n = \frac{1}{2\pi}\int_{-\pi}^{\pi} e^x e^{-inx}dx = \frac{1}{2\pi}\int_{-\pi}^{\pi} e^{(1-in)x}dx = \frac{1}{2\pi(1-in)}\left[e^{(1-in)x}\right]_{-\pi}^{\pi}$$

$$= \frac{1}{2\pi(1-in)}\left(e^{(1-in)\pi} - e^{-(1-in)\pi}\right) = \frac{(-1)^n(1+in)}{2\pi(1+n^2)}\left(e^{\pi} - e^{-\pi}\right)$$

$$\therefore\quad f(x) \sim \left(\frac{e^{\pi} - e^{-\pi}}{2\pi}\right)\sum_{n=-\infty}^{\infty}(-1)^n \frac{1-in}{1+n^2}e^{inx}$$

複素数の積分に関して，(整数nに対して) 次の等式が成り立つ。

$$\int_0^{2\pi} e^{inx}dx = \int_0^{2\pi}(\cos nx + i\sin nx)dx = \begin{cases} 0 & (n \neq 0) \\ 2\pi & (n=0) \end{cases} \tag{1.3.10}$$

周期2πの周期関数$f(x)$, $g(x)$の複素フーリエ級数が

$$f(x) \sim \sum_{n=-\infty}^{\infty} c_n e^{inx}, \quad g(x) \sim \sum_{n=-\infty}^{\infty} d_n e^{inx}$$

のとき, (1.3.10)式によって

$$\int_0^{2\pi} f(x)g(x)\,dx = 2\pi \sum_{n=-\infty}^{\infty} c_n d_{-n} \tag{1.3.11}$$

が成り立つ。また

$$(f*g)(x) = \frac{1}{2\pi}\int_{-\pi}^{\pi} f(x-t)g(t)\,dt \tag{1.3.12}$$

とおき, これをfとgとの**合成積**(**たたみこみ**)という。これに対し

$$(f*g)(x) = (g*f)(x) \tag{1.3.13}$$

が成り立ち, 次の定理が成り立つ。

定理2

周期2πの関数$f(x)$, $g(x)$の複素フーリエ級数が

$$f(x) = \sum c_n e^{inx}, \quad g(x) = \sum d_n e^{inx}$$

ならば

$$(f*g)(x) = \sum_{n=-\infty}^{n} c_n d_n e^{inx} \tag{1.3.14}$$

(証明) $f*g$のe^{inx}の係数$\tilde{c}_n$は, (1.3.9)と(1.3.12)式によって

$$\tilde{c}_n = \frac{1}{2\pi}\int_{-\pi}^{\pi}\left\{\frac{1}{2\pi}\int_{-\pi}^{\pi} f(x-t)g(t)\,dt\right\}e^{-inx}\,dx$$

ここで, 積分の順序を変更すると

$$\tilde{c}_n = \frac{1}{2\pi}\int_{-\pi}^{\pi}\left\{\frac{1}{2\pi}\int_{-\pi}^{\pi} f(x-t)e^{-inx}\,dx\right\}g(t)\,dt$$

$$= \frac{1}{2\pi}\int_{-\pi}^{\pi}\left\{\frac{1}{2\pi}\int_{-\pi+t}^{\pi+t} f(y)e^{-iny}\,dy\right\}e^{-int}g(t)\,dt \quad (x-t=y \text{ とおく})$$

$$= \frac{1}{2\pi}\int_{-\pi}^{\pi} f(y)e^{-iny}dy \cdot \frac{1}{2\pi}\int_{-\pi}^{\pi} g(t)e^{-int}dt = c_n \cdot d_n$$

$$\left(c_n = \frac{1}{2\pi}\int_{-\pi}^{\pi} f(x)e^{-inx}dy, \quad d_n = \frac{1}{2\pi}\int_{-\pi}^{\pi} g(x)e^{-inx}dx \text{ より}\right)$$

$$\therefore \ (f*g)(x) = \frac{1}{2\pi}\int_{-\pi}^{\pi} f(x-t)g(x)\,dt = \sum_{n=-\infty}^{\infty} c_n d_n e^{inx}$$

例3 周期2πの関数$f(x)=x\,(-\pi \leqq x < \pi)$の複素フーリエ級数を求め，定理2を用いて次の式を証明せよ．

$$\sum_{n=1}^{\infty} \frac{1}{n^2} = \frac{\pi^2}{6}$$

(解答) (1.3.7)式により，$n \neq 0$に対して

$$c_n = \frac{1}{2\pi}\int_{-\pi}^{\pi} xe^{-inx}dx = \frac{1}{2\pi}\left(-\frac{1}{ni}\left[xe^{-inx}\right]_{-\pi}^{\pi} - \frac{1}{ni}\int_{-\pi}^{\pi} e^{-inx}dx\right)$$

$$= \frac{i}{n}e^{n\pi i} = (-1)^n \frac{i}{n} \quad \text{(オイラー公式により)}$$

$$c_0 = \frac{1}{2\pi}\int_{-\pi}^{\pi} f(x)\,dx = \frac{1}{2\pi}\int_{-\pi}^{\pi} x\,dx = 0$$

$$\therefore \ f(x) \sim \sum_{n=-\infty}^{\infty}{}' (-1)^n \frac{i}{n} e^{inx} \quad (\text{′は}n=0\text{を除いた和})$$

したがって，定理2により

$$f*f = \frac{1}{2\pi}\int_{-\pi}^{\pi} f(x-t)f(t)\,dt = \frac{1}{2\pi}\int_{-\pi}^{\pi}(x-t)t\,dt = -\frac{\pi^2}{3}$$

$$= \sum_{n=-\infty}^{\infty}{}' \frac{i^2}{n^2}e^{inx} = -\sum_{n=-\infty}^{\infty}{}' \frac{1}{n^2}e^{inx}$$

ここで，$x=0$とおくと

$$\sum_{n=-\infty}^{\infty}{}' \frac{1}{n^2} = 2\sum_{n=1}^{\infty} \frac{1}{n^2} = \frac{\pi^2}{3}$$

$$\therefore \ \sum_{n=1}^{\infty} \frac{1}{n^2} = \frac{\pi^2}{6}$$

問 題

〔1〕 (1.3.8), (1.3.9)式を証明せよ。

〔2〕 (1.3.13)式を証明せよ。

〔3〕 周期2πの次の関数$f(x)$の複素フーリエ級数を求めよ。
  (1) $f(x) = x \quad (-\pi < x < \pi)$
  (2) $f(x) = \sin^2 x \quad (-\pi < x < \pi)$
  (3) $f(x) = \cos^2 x \quad (-\pi < x < \pi)$
  (4) $f(x) = |x| \quad (-\pi < x < \pi)$
  (5) $f(x) = \begin{cases} 0 & (-\pi < x < 0) \\ 1 & (0 < x < \pi) \end{cases}$
  (6) $f(x) = \begin{cases} 0 & (-\pi < x < 0) \\ x & (0 < x < \pi) \end{cases}$
  (7) $f(x) = \begin{cases} 0 & (-\pi < x < 0) \\ e^x & (0 < x < \pi) \end{cases}$
  (8) $f(x) = \begin{cases} x + \pi & (-\pi < x < 0) \\ x & (0 < x < \pi) \end{cases}$
  (9) $f(x) = \pi - x \quad (-\pi < x < \pi)$
  (10) $f(x) = x^2 \quad (-\pi < x < \pi)$

〔4〕 周期$2L$の次の関数$f(x)$の複素フーリエ級数を求めよ。
  (1) $f(x) = x \quad (-L < x < L)$
  (2) $f(x) = x^2 \quad (-1 < x < 1), \ L = 1$
  (3) $f(x) = x^3 \quad (-2 < x < 2), \ L = 2$
  (4) $f(x) = e^{a|x|} \quad (-L < x < L), \ a > 0$
  (5) $f(x) = \begin{cases} 0 & (-L < x < 0) \\ a & (0 < x < L) \end{cases}, \ a \neq 0$
  (6) $f(x) = \begin{cases} 0 & (-1 < x < 0) \\ x & (0 < x < 1) \end{cases}, \ L = 1$
  (7) $f(x) = \begin{cases} -1 & (-L < x < 0) \\ +1 & (0 < x < L) \end{cases}$

(8) $f(x) = L - |x| \quad (-L < x < L)$

〔5〕 $0 < a < 1$ のとき，関数
$$f(x) = \frac{1 - a\sin x}{1 + a^2 - 2a\cos x}, \quad g(x) = \frac{a\sin x}{1 + a^2 - 2a\cos x} \quad (-\pi < x < \pi)$$
のフーリエ級数は
$$f(x) = 1 + a\cos x + a^2 \cos 2x + a^3 \cos 3x + \cdots$$
$$g(x) = a\sin x + a^2 \sin 2x + a^3 \sin 3x + \cdots$$
となることを示せ。

4 三角多項式近似

$$S_N(x) = \frac{a_0}{2} + \sum_{n=1}^{N}(a_n \cos nx + b_n \sin nx) \quad (Nは正の整数) \quad (1.4.1)$$

の形の(有限)級数を**三角多項式**という。区間$[-\pi, \pi]$で定義された関数(または周期2πの関数)$f(x)$を三角多項式で近似することを考える。近似には種々あるが、ここでは積分

$$E_N = \int_{-\pi}^{\pi} |f(x) - S_N(x)|^2 dx \quad (1.4.2)$$

が最小となるような三角多項式$S_N(x)$を求める方法を採用する。これを**最小2乗近似**という。これは、$a_0, a_1, \cdots, a_N, b_1, b_2, \cdots, b_N$を動かしたとき、$E_N$が最小となるように、係数$a_n, b_n$を定めることである。

(1.4.2)式において、被積分関数は負にならないから、$E_N \geq 0$であり

$$\begin{aligned} E_N &= \int_{-\pi}^{\pi} |f(x) - S_N(x)|^2 dx \\ &= \int_{-\pi}^{\pi} (f(x))^2 dx - 2\int_{-\pi}^{\pi} f(x)S_N(x) dx + \int_{-\pi}^{\pi} (S_N(x))^2 dx \end{aligned} \quad (1.4.2)$$

と表される。

$$\int_{-\pi}^{\pi} (S_N(x))^2 dx = \pi\left(\frac{1}{2}a_0^2 + a_1^2 + \cdots + a_N^2 + b_1^2 + \cdots + b_N^2\right) \quad (1.4.3)$$

$$\int_{-\pi}^{\pi} f(x)S_N(x) dx$$
$$= \frac{a_0}{2}\int_{-\pi}^{\pi} f(x) dx + \sum_{n=1}^{N}\left(a_n \int_{-\pi}^{\pi} f(x)\cos nx\, dx + b_n \int_{-\pi}^{\pi} f(x)\sin nx\, dx\right) \quad (1.4.4)$$

したがって、E_Nが最小(極小)となるためには

$$\left.\begin{aligned} \frac{\partial E_N}{\partial a_n} &= 0 \quad (n = 0, 1, \cdots, N) \\ \frac{\partial E_N}{\partial b_n} &= 0 \quad (n = 1, 2, \cdots, N) \end{aligned}\right\} \quad (1.4.5)$$

$$\therefore \quad \frac{\partial E_N}{\partial a_n} = -2\int_{-\pi}^{\pi} f(x)\cos nx\, dx + 2\pi a_n = 0$$

$$\therefore \quad a_n = \frac{1}{\pi}\int_{-\pi}^{\pi} f(x)\cos nx\, dx$$

同様にして

$$\frac{\partial E_N}{\partial b_n} = 0 \quad \Rightarrow \quad b_n = \frac{1}{\pi}\int_{-\pi}^{\pi} f(x)\sin nx\, dx$$

したがって，a_n，b_n がフーリエ係数のとき，E_N は最小となり，これを $\tilde{E}_N$ とおくと，(1.4.2)，(1.4.3)，(1.4.4)式によって

$$\tilde{E}_N = \int_{-\pi}^{\pi} (f(x))^2 dx - \pi\left\{\frac{a_0^2}{2} + \sum_{n=1}^{N}(a_n^2 + b_n^2)\right\} \geqq 0 \tag{1.4.6}$$

で，$E_N \geqq \tilde{E}_N$ である。したがって，(1.4.6)式より

$$\frac{a_0^2}{2} + \sum_{n=1}^{N}(a_n^2 + b_n^2) \leqq \frac{1}{\pi}\int_{-\pi}^{\pi}\{f(x)\}^2 dx \tag{1.4.7}$$

(1.4.7)式は任意の N について成り立つから，$N\to\infty$ とすると

$$\frac{a_0^2}{2} + \sum_{n=1}^{\infty}(a_n^2 + b_n^2) \leqq \frac{1}{\pi}\int_{-\pi}^{\pi}\{f(x)\}^2 dx \tag{1.4.8}$$

この不等式をベッセル(**Bessel**)の**不等式**という。これより

$$\left.\begin{aligned} a_n &= \frac{1}{\pi}\int_{-\pi}^{\pi} f(x)\cos nx\, dx \to 0 \\ b_n &= \frac{1}{\pi}\int_{-\pi}^{\pi} f(x)\sin nx\, dx \to 0 \end{aligned}\right\} \quad (n\to\infty) \tag{1.4.9}$$

また，第3節(1.3.7)式の c_n に対しても

$$c_n = \frac{1}{2\pi}\int_{-\pi}^{\pi} f(x)e^{-inx}dx \to 0 \quad (n\to\infty) \tag{1.4.10}$$

$f(x)$ が $2L$ 周期の関数のときも同様にして

$$\frac{a_0^2}{2} + \sum_{n=1}^{\infty}(a_n^2 + b_n^2) \leqq \frac{1}{L}\int_{-L}^{L}(f(x))^2 dx \tag{1.4.11}$$

$$a_n = \frac{1}{L}\int_{-L}^{L} f(x)\cos\frac{n\pi x}{L}dx \to 0 \atop b_n = \frac{1}{L}\int_{-L}^{L} f(x)\sin\frac{n\pi x}{L}dx \to 0} \quad (n\to\infty) \right\} \quad (1.4.12)$$

例1 周期2πの関数$f(x) = x\,(-\pi < x \leqq \pi)$に対して，$\tilde{E}_N \leqq 1/5$となる$N$を求めよ．

(解答) $f(x)$は奇関数であるから，

$a_n = 0 \quad (n = 1, 2, 3, \cdots)$

$b_n = (-1)^{n-1}\left(\dfrac{2}{n}\right)$

$S_N(x) \sim 2\left(\sin x - \dfrac{1}{2}\sin 2x - \dfrac{1}{3}\sin 3x + \cdots + (-1)^N \dfrac{1}{N}\sin Nx\right)$

$\therefore \tilde{E}_N = \dfrac{2}{3}\pi^3 - 4\pi\left(1 + \dfrac{1}{2^2} + \dfrac{1}{3^2} + \cdots + \dfrac{1}{N^2}\right) \leqq \dfrac{1}{5}$

となるNを求めればよい．そのために$N = 70$まで計算してグラフに描くと図のようになる．

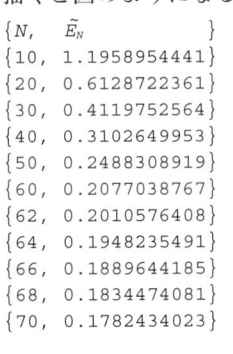

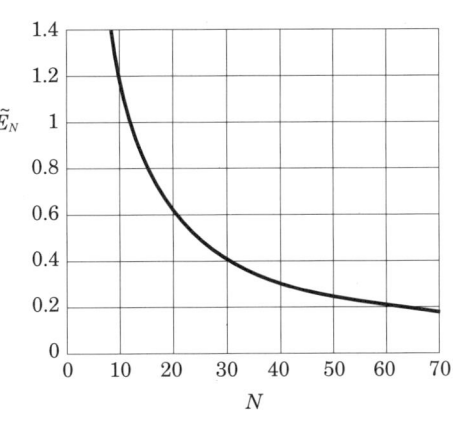

```
{N,    Ẽ_N              }
{10,   1.1958954441}
{20,   0.6128722361}
{30,   0.4119752564}
{40,   0.3102649953}
{50,   0.2488308919}
{60,   0.2077038767}
{62,   0.2010576408}
{64,   0.1948235491}
{66,   0.1889644185}
{68,   0.1834474081}
{70,   0.1782434023}
```

例2 周期関数

$$f(x) = \begin{cases} -1 & (-\pi < x < 0) \\ 1 & (0 < x < \pi) \end{cases}$$

に対する $\tilde{E}_5$, $\tilde{E}_{10}$ を計算せよ.

(解答) $f(x)$ は奇関数であるから

$$a_n = 0$$

$$b_n = \frac{2}{\pi}\int_0^\pi \sin nx\, dx = \begin{cases} \dfrac{4}{n\pi} & (n = 1,\ 3,\ 5,\cdots) \\ 0 & (n = 2,\ 4,\ 6,\cdots) \end{cases}$$

$\therefore\ f(x) \sim \dfrac{4}{\pi}\left(\sin x + \dfrac{1}{3}\sin 3x + \dfrac{1}{5}\sin 5x + \cdots\right)$

$\therefore\ \tilde{E}_N = \displaystyle\int_{-\pi}^\pi \{f(x)\}^2\, dx - \dfrac{16}{\pi}\left\{1 + \dfrac{1}{3^2} + \cdots + \dfrac{1}{(2n+1)^2}\right\}$ $(N = 2n+1)$

$\qquad = 2\pi - \dfrac{16}{\pi}\left\{1 + \dfrac{1}{3^2} + \cdots + \dfrac{1}{(2n+1)^2}\right\}$

$\qquad = \dfrac{16}{\pi}\left[\dfrac{\pi^2}{8} - \left\{1 + \dfrac{1}{3^2} + \cdots + \dfrac{1}{(2n+1)^2}\right\}\right]$

(p. 37, 例1参照 — 後述)

$\therefore\ \tilde{E}_5 = \dfrac{16}{\pi}\left\{\dfrac{\pi^2}{8} - \left(1 + \dfrac{1}{3^2} + \dfrac{1}{5^2}\right)\right\} = \dfrac{16\left(-\dfrac{259}{225} + \dfrac{\pi^2}{8}\right)}{\pi}$

$\qquad = 0.420625$

$\therefore\ \tilde{E}_9 = \dfrac{16}{\pi}\left\{\dfrac{\pi^2}{8} - \left(1 + \dfrac{1}{3^2} + \cdots + \dfrac{1}{9^2}\right)\right\} = \dfrac{16\left(-\dfrac{117469}{99225} + \dfrac{\pi^2}{8}\right)}{\pi}$

$\qquad = 0.253811$

問題

〔1〕 次の関数に対して, $\tilde{E}_N$ を記述せよ.

(1) $f(x) = |x|$ $(-\pi < x < \pi)$ (2) $f(x) = x^2$ $(-\pi < x < \pi)$

(3) $f(x) = \begin{cases} 0 & (-\pi < x < 0) \\ x & (0 < x < \pi) \end{cases}$ (4) $f(x) = \begin{cases} 0 & (-\pi < x < 0) \\ x^2 & (0 < x < \pi) \end{cases}$

(5) $f(x) = |\sin x|$ $(-\pi < x < \pi)$ (6) $f(x) = e^{|x|}$ $(-\pi < x < \pi)$

〔2〕〔1〕に対して, コンピュータを使って $\tilde{E}_5$, $\tilde{E}_{10}$ を小数第5位まで計算せよ.

〔3〕 問題〔1〕(1), (2)の関数 $f(x)$ に対して, コンピュータを使って $\tilde{E}_N < 1/2$ となる最小の N を求めよ.

〔4〕 $f(x)$ のフーリエ係数 a_n, b_n を係数とする三角多項式を

$$S_N(x) = \frac{a_0}{2} + \sum_{n=1}^{N} (a_n \cos nx + b_n \sin nx)$$

とするとき, 次の関数 $f(x)$ に対するコンピュータを使って $S_5(x)$, $S_{10}(x)$ のグラフを描け.

(1) $f(x) = \sin\frac{x}{2}$ $(|x| < \pi)$

(2) $f(x) = \frac{\pi}{2} - |x|$ $(-\pi < x < \pi)$

5 フーリエ級数の収束

本節の中心は第1節 定理1の証明である。

$f(x)$ を区間 $[0, \infty]$ で定義された関数で $|f(x)|$ が積分可能，すなわち

$$\int_0^\infty |f(x)| dx < \infty$$

とする。このとき，次の定理が成り立つ。

定理3

$|f(x)|$ が $(0, \infty)$ で積分可能で，$K(x)$ を $[0, \infty]$ で定義された有界な関数で，

$$\lim_{L \to \infty} \frac{1}{L} \int_0^L K(x) dx = 0 \tag{1.5.1}$$

となるとき，次の式が成り立つ。

$$\lim_{\lambda \to \infty} \int_0^\infty f(x) K(\lambda x) dx = 0 \tag{1.5.2}$$

(証明)　区間 I に対して，関数 $\chi_I(x)$ を

$$\chi_I(x) = 1 (x \in I), \quad \chi_I(x) = 0 (x \notin I)$$

となるものとする。いま，関数

$$f(x) = c\chi_I(x) \quad \{I = (a, b), a \geq 0, c \neq 0\}$$

に対して，(1.5.1)式によって

$$\int_0^\infty f(x) K(\lambda x) dx = c \int_a^b K(\lambda x) dx = \frac{c}{\lambda} \int_{\lambda a}^{\lambda b} K(t) dt \to 0 \quad (\lambda \to \infty)$$

ゆえに，任意の $\varepsilon > 0$ に対して，λ を十分大きくとると

$$\left| \int_0^\infty f(x) K(\lambda x) dx \right| < \varepsilon$$

が成り立つ。

区間 $I_1, I_2, \cdots, I_n$ を共通点を持たない $[0, \infty]$ 内の有限区間とする。このとき

$$g(x) = \sum_{i=1}^{n} c_i \chi_{I_i}(x)$$

に対して，(1.5.2)式が成り立つ．また，$|f(x)|$ が積分可能ならば，任意の $\varepsilon > 0$ に対して

$$g(x) = \sum_{i=1}^{n} c_i \chi_{I_i}(x)$$

をうまく選ぶと

$$\int_0^\infty |f(x) - g(x)|\,dx < \varepsilon$$

とできる(証明略)．いま，$|K(x)| < M$ とすると

$$\left| \int_0^\infty f(x) K(\lambda x)\,dx \right| = \left| \int_0^\infty (f(x) - g(x)) K(\lambda x)\,dx + \int_0^\infty g(x) K(\lambda x)\,dx \right|$$

$$\leq M \int_0^\infty |f(x) - g(x)|\,dx + \left| \int_0^\infty g(x) K(\lambda x)\,dx \right|$$

$$\leq M\varepsilon + \left| \int_0^\infty g(x) K(\lambda x)\,dx \right| < (M+1)\varepsilon \quad (\lambda \to \infty)$$

ε は任意であるから，(1.5.2)式が成り立つ．

$I = [a, b]$ とし，$f(x)$ を I で区分的に連続な関数とし

$$K(x) = \chi_I(x)\sin x, \quad \chi_I(x)\cos x, \quad \chi_I(x)e^{ix}$$

とすると，次の式が成り立つ．

$$\left.\begin{aligned}
\int_a^b f(x) \sin \lambda x\,dx &\to 0 \\
\int_a^b f(x) \cos \lambda x\,dx &\to 0 \quad (\lambda \to \infty)(0 \leq a < b < \infty) \\
\int_a^b f(x) e^{i\lambda x}\,dx &\to 0
\end{aligned}\right\} \quad (1.5.3)$$

これをリーマン・ルベック(**Riemann–Lebesgue**)の定理という(p. 28, (1.4.9), (1.4.10)式参照)．

次に，オイラーの公式により

$$\sum_{k=0}^{m} e^{ikx} = \frac{1-e^{i(m+1)x}}{1-e^{ix}} = \frac{\left(1-e^{i(m+1)x}\right)\left(1-e^{-ix}\right)}{\left(1-e^{ix}\right)\left(1-e^{-ix}\right)}$$

$$= \frac{1}{2(1-\cos x)}[\{1+\cos mx - \cos(m+1)x - \cos x\}$$

$$+ i\{\sin mx + \sin x - \sin(m+1)x\}]$$

この両辺から 1/2 を引き，その実部をとり，これを $D_m(x)$ とおくと

$$D_m(x) = \frac{1}{2} + \cos x + \cos 2x + \cdots + \cos mx$$

$$= \frac{\cos mx - \cos(m+1)x}{2(1-\cos x)} = \frac{\sin\left(m+\frac{1}{2}\right)x}{2\sin\frac{x}{2}} \tag{1.5.4}$$

この $D_m(x)$ をディリクレー(**Dirichlet**)核という。

(1.5.4) 式の両辺を $-\pi$ から 0 まで，および 0 から π まで積分して，次の式を得る。

$$\left.\begin{aligned}\int_{-\pi}^{0} D_m(x)\,dx &= \int_{-\pi}^{0} \frac{\sin\left(m+\frac{1}{2}\right)x}{2\sin\frac{x}{2}}\,dx = \frac{\pi}{2} \\ \int_{0}^{\pi} D_m(x)\,dx &= \int_{0}^{\pi} \frac{\sin\left(m+\frac{1}{2}\right)x}{2\sin\frac{x}{2}}\,dx = \frac{\pi}{2}\end{aligned}\right\} \tag{1.5.5}$$

$f(x)$, $f'(x)$ は $[-\pi,\ \pi]$ で区分的に連続で，$f(x)$ のフーリエ級数を

$$\frac{a_0}{2} + \sum_{n=1}^{\infty}(a_n \cos nx + b_n \sin nx)$$

とし，その第 $(m+1)$ 番目までの部分和を

$$S_m(x) = \frac{a_0}{2} + \sum_{n=1}^{m}(a_n \cos nx + b_n \sin nx)$$

とおくと

$$a_n \cos nx + b_n \sin nx$$
$$= \frac{1}{\pi}\left\{\left(\int_{-\pi}^{\pi} f(t)\cos nt\, dt\right)\cos nx + \left(\int_{-\pi}^{\pi} f(t)\sin nt\, dt\right)\sin nx\right\}$$
$$= \frac{1}{\pi}\int_{-\pi}^{\pi} f(t)(\cos nt \cos nx + \sin nt \sin nx)\, dt$$
$$= \frac{1}{\pi}\int_{-\pi}^{\pi} f(t)\cos n(t-x)\, dt$$

となり，(1.5.4)式により

$$S_m(x) = \frac{1}{\pi}\int_{-\pi}^{\pi} f(t)\left\{\frac{1}{2} + \cos(t-x) + \cdots + \cos m(t-x)\right\} dt$$
$$= \frac{1}{\pi}\int_{-\pi}^{\pi} f(t)\frac{\sin\left(m+\frac{1}{2}\right)(t-x)}{2\sin\left(\frac{t-x}{2}\right)}\, dt$$
$$= \frac{1}{\pi}\int_{-(\pi+x)}^{\pi-x} f(u+x)\frac{\sin\left(m+\frac{1}{2}\right)u}{2\sin\frac{u}{2}}\, du \quad (u = t-x \text{ とおく})$$

この積分の被積分関数は周期2πを持つから

$$S_m(x) = \frac{1}{\pi}\int_{-\pi}^{\pi} f(u+x)D_m(u)\, du \tag{1.5.6}$$

この積分を**ディリクレー積分**という。ここで，$u = -v$ とおくと

$$\int_{-\pi}^{0} f(u+x)\frac{\sin\left(m+\frac{1}{2}\right)u}{2\sin\frac{u}{2}}\, du = \int_{0}^{\pi} f(x-v)\frac{\sin\left(m+\frac{1}{2}\right)v}{2\sin\frac{v}{2}}\, dv$$

したがって，(1.5.6)式は次のように書ける。

$$S_m(x) = \frac{1}{\pi}\int_{0}^{\pi}\{f(x+t)+f(x-t)\}D_m(t)\, dt \tag{1.5.6}'$$

(1.5.5)と(1.5.6)′式によって

$$S_m(x) - \frac{1}{2}\{f(x+0)+f(x-0)\}$$
$$= \frac{1}{\pi}\int_{0}^{\pi}\{f(x+t)+f(x-t)\}D_m(t)\, dt$$

$$-\frac{1}{\pi}\int_0^\pi \{f(x+0)+f(x-0)\}D_m(t)\,dt$$

$$=\frac{1}{\pi}\int_0^\pi \{f(x+t)-f(x+0)\}D_m(t)\,dt$$

$$+\frac{1}{\pi}\int_0^\pi \{f(x-t)-f(x-0)\}D_m(t)\,dt \tag{1.5.7}$$

この第1の積分の被積分関数は

$$\{f(x+t)-f(x+0)\}D_m(t)=\frac{f(x+t)-f(x+0)}{2\sin\frac{t}{2}}\sin\left(m+\frac{1}{2}\right)t$$

$$=\frac{f(x+t)-f(x+0)}{t}\cdot\frac{t}{2\sin\frac{t}{2}}\sin\left(m+\frac{1}{2}\right)t$$

ここで，$f'(x)$ が区分的に連続であるから

$$\lim_{t\to +0}\frac{f(x+t)-f(x+0)}{t}=f'_+(x),\quad \lim_{t\to 0}\frac{t}{2\sin\frac{t}{2}}=1$$

$$\therefore\quad g(t)=\frac{f(x+t)-f(x+0)}{t}\cdot\frac{t}{2\sin\frac{t}{2}}=\frac{f(x+t)-f(x+0)}{2\sin\frac{t}{2}}$$

は区間 $[0,\pi]$ において区分的に連続であり，(1.5.3)式によって

$$\int_0^\pi \{f(x+t)-f(x+0)\}D_m(t)\,dt$$

$$=\int_0^\pi g(t)\sin\left(m+\frac{1}{2}\right)t\,dt \to 0 \quad (m\to\infty) \tag{1.5.8}$$

同様にして

$$\int_0^\pi \{f(x-t)-f(x-0)\}D_m(t)\,dt \to 0 \quad (m\to\infty) \tag{1.5.9}$$

したがって

$$S_m(x)-\frac{1}{2}\{f(x+0)+f(x-0)\}\to 0 \quad (m\to\infty)$$

よって，定理1が証明された．定理1の形の定理は一般の周期 $2L$ の関数 $f(x)$ に対しても成り立つ．

定理4

$f(x)$ を周期 $2L$ の関数で $f(x)$, $f'(x)$ がともに区分的に連続ならば，$f(x)$ のフーリエ級数

$$\frac{a_0}{2} + \sum_{n=1}^{\infty}\left(a_n \cos\frac{n\pi x}{L} + b_n \sin\frac{n\pi x}{L}\right)$$

は

$$\frac{1}{2}\{f(x+0) + f(x-0)\}$$

に収束する（特に x が $f(x)$ の連続点ならば，$f(x)$ に収束する）。

（定理において，収束は不連続点を除いて一様である！）

例1 次の式を証明せよ。

(1) $1 + \dfrac{1}{3^2} + \dfrac{1}{5^2} + \cdots = \dfrac{\pi^2}{8}$ (2) $1 + \dfrac{1}{2^2} + \dfrac{1}{3^2} + \cdots = \dfrac{\pi^2}{6}$

(解答) (1) 第1節 問題〔8〕(1) によって

$$f(x) = \frac{\pi}{2} - |x| \quad (-\pi \leq x \leq \pi)$$

のフーリエ級数は

$$f(x) = \frac{\pi}{2} - |x| = \frac{4}{\pi}\left(\cos x + \frac{1}{3^2}\cos 3x + \frac{1}{5^2}\cos 5x + \cdots\right)$$

$f(x)$ は連続関数であるから，この等式が成り立つ。この式において，$x=0$ とおくと

$$\frac{\pi}{2} = \frac{4}{\pi}\left(1 + \frac{1}{3^2} + \frac{1}{5^2} + \cdots\right)$$

$$\therefore \quad 1 + \frac{1}{3^2} + \frac{1}{5^2} + \cdots = \frac{\pi^2}{8}$$

(2) 第2節 問題〔2〕(1) によって，周期2の関数

$$f(x) = x \quad (0 \leq x < 1)$$

のフーリエ級数は

$$f(x) = x \sim \frac{1}{3} + \sum_{n=1}^{\infty}\left(\frac{1}{\pi^2 n^2}\cos 2\pi x - \frac{1}{\pi n}\sin 2\pi x\right)$$

> $x=0$ は不連続点で，$f(-0)=1,\ f(+0)=0$
> したがって上式において $x=0$ とおくと，定理1により
> $$\frac{1}{2}(1+0) = \frac{1}{2} = \frac{1}{3} + \frac{1}{\pi^2}\left(1 + \frac{1}{2^2} + \frac{1}{3^2} + \cdots\right)$$
> $$\therefore\quad 1 + \frac{1}{2^2} + \frac{1}{3^2} + \cdots = \pi^2\left(\frac{1}{2} - \frac{1}{3}\right) = \frac{\pi^2}{6}$$
> これは p.24，例3の結果と同じものである。

フーリエ級数の項別微分積分について次の定理が成り立つ。

定理5

$f(x)$ を周期 $2L$ で，区間 $[-L, L]$ で $f(x),\ f'(x)$ が区分的に連続とし，$f(x)$ のフーリエ級数を

$$f(x) \sim \frac{a_0}{2} + \sum_{n=1}^{\infty}\left(a_n \cos\frac{n\pi x}{L} + b_n \sin\frac{n\pi x}{L}\right)$$

とする。このとき

① $-L \leqq \alpha < \beta \leqq L$ に対して

$$\int_\alpha^\beta f(x)\,dx = \frac{a_0}{2}\int_\alpha^\beta dx + \sum_{n=1}^{\infty}\left(a_n \int_\alpha^\beta \cos\frac{n\pi x}{L}dx + b_n \int_\alpha^\beta \sin\frac{n\pi x}{L}dx\right)$$

$$= \frac{a_0}{2}(\beta - \alpha) + \sum_{n=1}^{\infty}\frac{L}{n\pi}\left\{a_n\left(\sin\frac{n\pi\beta}{L} - \sin\frac{n\pi\alpha}{L}\right)\right.$$
$$\left. - b_n\left(\cos\frac{n\pi\beta}{L} - \cos\frac{n\pi\alpha}{L}\right)\right\}$$

(1.5.10)

② $f'(x),\ f''(x)$ が連続ならば

$$\frac{df}{dx} = \frac{d}{dx}\left(\frac{a_0}{2}\right) + \sum_{n=1}^{\infty}\left\{a_n \frac{d}{dx}\left(\cos\frac{n\pi x}{L}\right) + b_n \frac{d}{dx}\left(\sin\frac{n\pi x}{L}\right)\right\}$$

$$= \sum_{n=1}^{\infty}\frac{n\pi}{L}\left(-a_n \sin\frac{n\pi x}{L} + b_n \cos\frac{n\pi x}{L}\right)$$

(1.5.11)

(証明は省略する)

例2 第1節 例2 (1) および (1.5.10) 式を用いて
$$a = 1 - \frac{1}{2^2} + \frac{1}{3^2} - \frac{1}{4^2} + \cdots$$
の値を求め，$f(x) = x^2 \ (-\pi < x \leq \pi)$ のフーリエ級数を求めよ。

(解答) 第1節 例2 (p.5)(1) により
$$f(x) = x = 2\left(\sin x - \frac{1}{2}\sin 2x + \frac{1}{3}\sin 3x - \cdots\right)$$

これを積分し
$$\frac{x^2}{2} = \int_0^x x\, dx = 2\left(-\cos x + \frac{1}{2^2}\cos 2x - \frac{1}{3^2}\cos 3x + \cdots\right)$$
$$\qquad\qquad + 2\left(1 - \frac{1}{2^2} + \frac{1}{3^2} - \cdots\right)$$

$\therefore \quad x^2 = 4a - 4\left(\cos x - \frac{1}{2^2}\cos 2x + \frac{1}{3^2}\cos 3x + \cdots\right)$

ここで，x^2 をさらに積分し
$$\frac{\pi^3}{3} = \int_0^\pi x^2 dx = 4a\pi - 4\left[\sin x - \frac{1}{2^3}\sin 2x + \frac{1}{3^2}\sin 3x + \cdots\right]_0^\pi$$
$$= 4a\pi$$

$\therefore \quad a = \dfrac{\pi^2}{12}$

よって，x^2 のフーリエ級数は
$$x^2 = \frac{\pi^2}{3} - 4\left(\cos x - \frac{1}{2^2}\cos 2x + \frac{1}{3^2}\cos 3x - \cdots\right)$$

例3 次の式を示せ。
$$1 - \frac{1}{3} + \frac{1}{5} - \frac{1}{7} + \cdots = \frac{\pi}{4} \quad (\text{ライプニッツ (Leibniz) の公式})$$

(解答) $f(x) = x \, (-\pi < x < \pi)$

のフーリエ級数は，（第1節，例2 (1) によって）

$$f(x) = x \sim 2\left(\sin x - \frac{1}{2}\sin 2x + \frac{1}{3}\sin 3x - \frac{1}{4}\sin 4x + \cdots\right)$$

ここで，$x = \dfrac{\pi}{2}$ とおくと

$$\frac{\pi}{2} = 2\left(1 - \frac{1}{3} + \frac{1}{5} - \cdots\right)$$

これより，与式が得られる。

ベッセルの不等式（第4節，(1.4.8)式）に関連し，次の定理が成り立つ。

定理6

$f(x)$ を $2L$ 周期の連続関数とし，$f'(x)$ が区分的に連続とする。$a_0, a_1, a_2, \cdots$；$b_1, b_2, \cdots$ を $f(x)$ のフーリエ係数とすると，次の等式が成り立つ。

$$\frac{a_0^2}{2} + \sum_{n=1}^{\infty}(a_n^2 + b_n^2) = \frac{1}{L}\int_{-L}^{L} |f(x)|^2 \, dx \tag{1.5.13}$$

この等式を**パーセバル（Parseval）の等式**という。

(証明) $f(x)$ は連続であるから，定理5により，任意の点 x で

$$f(x) = \frac{a_0}{2} + \sum_{n=1}^{\infty}\left(a_n \cos\frac{n\pi x}{L} + b_n \sin\frac{n\pi x}{L}\right)$$

この収束は一様であり，この両辺に $f(x)$ をかけて積分すると

$$\int_{-L}^{L} |f(x)|^2 \, dx$$

$$= \frac{a_0}{2}\int_{-L}^{L} f(x)\,dx + \sum_{n=1}^{\infty}\left\{a_n \int_{-L}^{L} f(x)\cos\frac{nx}{L}\,dx + b_n \int_{-L}^{L} f(x)\sin\frac{nx}{L}\,dx\right\}$$

ここで

$$a_n = \frac{1}{L}\int_{-L}^{L} f(x)\cos\frac{nx}{L}\,dx \qquad b_n = \frac{1}{L}\int_{-L}^{L} f(x)\sin\frac{nx}{L}\,dx$$

であるから，これを上の等式に代入し

$$\int_{-L}^{L}|f(x)|^2 dx = L\left\{\frac{a_0^2}{2} + \sum_{n=1}^{\infty}(a_n^2 + b_n^2)\right\}$$

したがって，(1.5.13)式が得られる．

例4 関数

$$f(x) = \begin{cases} x + \pi & (-\pi < x < 0) \\ x & (0 < x < \pi) \end{cases}$$

のフーリエ級数は

$$f(x) \sim \frac{\pi}{2} - \sum_{n=1}^{\infty}\frac{\sin 2nx}{n}$$

この右辺の第 $N+1$ 項までの和，

$$S_{N+1}(x) = \frac{\pi}{2} - \sum_{n=1}^{N}\frac{\sin 2nx}{n}$$

をつくり

$$R_N(x) = \sum_{n=1}^{N}\frac{\sin 2nx}{n} = 2\sum_{n=1}^{N}\frac{\sin 2nx}{2n}$$

$$= 2\int_0^x \left(\sum_{n=1}^{N}\cos 2nu\right) du = 2\int_0^x \left\{-\frac{1}{2} + D_N(2u)\right\} du \quad ((1.5.4)式より)$$

$$\tilde{R}_N(x) = 2\int_0^x D_N(2u)\,du = \int_0^{2x} D_N(u)\,du$$

とおくと，$\tilde{R}_N(x)$ は

$$\tilde{R}_N'(x) = 2D_N(2x) = \frac{\sin\left(N + \frac{1}{2}\right)x}{\sin\frac{x}{2}} = 0$$

したがって

$$\left(N + \frac{1}{2}\right)x = k\pi \quad (k = \pm 1, \pm 2, \cdots)$$

k に対して，この x を x_k と書くと

$$x_k = \frac{2k\pi}{2N+1}$$

ここで，たとえば，$k=-1$，-2に対して

$$y_N = S_{N+1}(-x_1) = \frac{\pi}{2} + \sum_{n=1}^{N} \frac{1}{n} \sin \frac{2n\pi}{2N+1} \quad (極大値)$$

$$z_N = S_{N+1}(-x_2) = \frac{\pi}{2} + \sum_{n=1}^{N} \frac{1}{n} \sin \frac{4n\pi}{2N+1} \quad (極小値)$$

とおき，Nが50および100までのy_N，z_Nを計算し，これをグラフに描くと下の図および次頁の図のようになる。

これらの値は

$$f(x) = x + \pi \quad (-\pi < x < 0), \quad = x \, (0 < x < \pi)$$

と相当な食い違いがでてくる。

一般に，関数$f(x)$のフーリエ級数の第$N+1$項までの和S_Nを，$f(x)$の近似値（近似曲線）とみると，$f(x)$の不連続点の近くで，$f(x)$と$S_N(x)$との差が相当になることがある。この現象を**ギッブス(Gibbs)の現象**という。

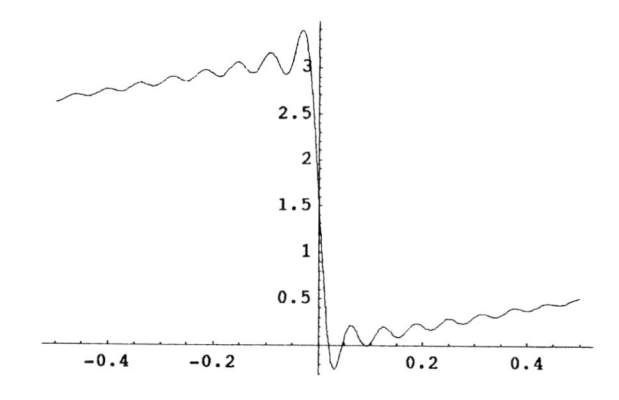

5 フーリエ級数の収束   43

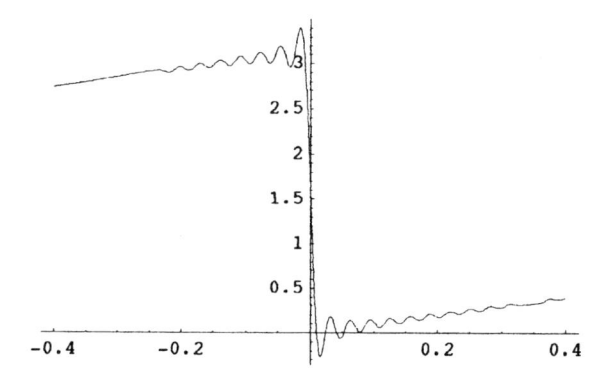

問 題

[1] 関数 $g(x)$ のフーリエ級数を積分し，関数 $f(x)$ のフーリエ級数を求めよ．

(1) $f(x) = x^2, \ g(x) = x \quad (-\pi < x < \pi)$

(2) $f(x) = x^3, \ g(x) = x^2 \quad (-\pi < x < \pi)$

(3) $f(x) = \begin{cases} 0 & (-\pi \leq x \leq 0) \\ x & (0 \leq x < \pi) \end{cases}$

$g(x) = \begin{cases} 0 & (-\pi < x < 0) \\ 1 & (0 < x < \pi) \end{cases}$

(4) $f(x) = \begin{cases} 0 & (-\pi < x < 0) \\ 1 - \cos x & (0 \leq x < \pi) \end{cases}$

$g(x) = \begin{cases} 0 & (-\pi < x < 0) \\ \sin x & (0 < x < \pi) \end{cases}$

[2] 第1節 問題 [8] で求めたフーリエ級数を微分せよ．

[3] 次の問題に答えよ．

(1) $f(x)$ のフーリエ係数 a_n, b_n に対して，次の式を示せ．

$$\pi a_n = \int_0^{2\pi} f(x) \cos nx \, dx = -\int_0^{2\pi} f\left(x - \frac{\pi}{n}\right) \cos nx \, dx$$

$$\pi b_n = \int_0^{2\pi} f(x) \sin nx \, dx = -\int_0^{2\pi} f\left(x - \frac{\pi}{n}\right) \sin nx \, dx$$

(2) (1) を用いて次の式を示せ．

$$2\pi a_n = \int_0^{2\pi} \left\{ f(x) - f\left(x - \frac{\pi}{n}\right) \right\} \cos nx \, dx$$

$$2\pi b_n = \int_0^{2\pi} \left\{ f(x) - f\left(x - \frac{\pi}{n}\right) \right\} \sin nx \, dx$$

(3) (2)を用いて，$f(x)$が連続ならば，$a_n \to 0, \; b_n \to 0 \; (n \to \infty)$ を示せ．

〔4〕 フーリエ級数の第N項までの部分和をS_Nとする．第1節 問題〔8〕(6), (9)で求めたフーリエ級数について，コンピュータを使って，S_{10}, S_{20}, S_{50}のグラフを描き，ギッブス現象を観察せよ．

6 一般フーリエ級数

区間$[a, b]$で定義された関数$f(x)$, $g(x)$に対して, 積分

$$(f, g) = \int_a^b f(x)g(x)\,dx \tag{1.6.1}$$

(存在すれば)をfとgとの**内積**といい, $\|f\| = \sqrt{(f, f)}$ をfの**ノルム**(norm)という。

内積およびノルムに関して, 次の式が成り立つ。

$$\left.\begin{array}{l} (f, g) = (g, f) \\ (f_1 + f_2, g) = (f_1, g) + (f_2, g),\ (f, g_1 + g_2) = (f, g_1) + (f, g_2) \\ (kf, g) = k(f, g) = (f, kg) \quad (k\text{ は実数}) \\ \|f\| \geqq 0 \\ \|kf\| = |k| \cdot \|f\| \\ |(f, g)| \leqq \|f\| \cdot \|g\| \\ \|f + g\| \leqq \|f\| + \|g\| \end{array}\right\} \tag{1.6.2}$$

内積$(f, g) = 0$のとき, fとgとは**直交する**といい, $f \perp g$と表す。有限または無限関数列$\{f_n(x)\}$があって, 相異なる$f_n(x)$, $f_m(x)$が直交するとき, $\{f_n(x)\}$は**直交系**(**直交関数列**)であるという。さらに, すべてのf_nが$\|f_n\| = 1$となるとき, $\{f_n(x)\}$を**正規直交系**(**正規直交関数列**)であるという。

例1 $(\sin x,\ \sin 2x,\ \sin 3x, \cdots)$, $(1,\ \cos x,\ \cos 2x,\ \cos 3x, \cdots)$は区間$[-\pi, \pi]$で直交系である。

$$\left(\frac{1}{\sqrt{\pi}}\sin x,\ \frac{1}{\sqrt{\pi}}\sin 2x, \cdots\right)$$

$$\left(\frac{1}{\sqrt{2\pi}},\ \frac{1}{\sqrt{\pi}}\cos x,\ \frac{1}{\sqrt{\pi}}\cos 2x, \cdots\right)$$

は正規直交系である(第1節, (1.1.3)式参照)。

V を上記の内積 $(\ ,\ )$ をもつ区間 $[a,\ b]$ で定義された関数のベクトル空間(これを**内積空間**という)とする。V の元

$$f_1(x), \cdots, f_n(x)$$

に対して,その1次結合

$$c_1 f_1(x) + c_2 f_2(x) + \cdots + c_n f_n(x) \equiv 0 \quad (c_1,\ c_2, \cdots, c_n \text{ は実数})$$

ならば

$$c_1 = c_2 = \cdots = c_n = 0$$

となるとき,$f_1(x), \cdots, f_n(x)$ は**1次独立(線形独立)**であるといい,1次独立でないとき,**1次従属(線形従属)**であるという。

$f_1(x),\ f_2(x), \cdots, f_n(x)$ が1次独立であるとき

$$\left.\begin{aligned}
\varphi_1(x) &= \frac{f_1}{\|f_1\|} \\
\varphi_2(x) &= \frac{f_2(x) - (\varphi_1,\ f_2)\varphi_1(x)}{\|f_2 - (\varphi_1,\ f_2)\varphi_1\|} \\
&\vdots \\
\varphi_n(x) &= \frac{f_n - \sum_{k=1}^{n-1}(\varphi_k,\ f_n)\varphi_k(x)}{\left\|f_n - \sum_{k=1}^{n-1}(\varphi_k,\ f_n)\varphi_k\right\|}
\end{aligned}\right\} \quad (1.6.3)$$

とおけば,$\varphi_1(x),\ \varphi_2(x), \cdots, \varphi_n(x)$ は正規直交系となる。(1.6.3)式による正規直交化の方法を**シュミット(Schmidt)の直交化法**という。

例2 V を多項式全体のなすベクトル空間とする。このとき,関数列 $\{1,\ x,\ x^2, \cdots, x^n\}$ は1次独立であることを示せ。

(**解答**) $1,\ x,\ x^2, \cdots, x^n$ の1次結合をつくり

$$c_0 1 + c_1 x + \cdots + c_n x^n \equiv 0$$

とおく。いま,$x_0,\ x_1, \cdots, x_n$ を $a \leqq x_0 < x_1 < \cdots < x_n \leqq b$ にとると

$$c_0 + c_1 x_0 + \cdots + c_n x_0^n = 0$$
$$c_0 + c_1 x_1 + \cdots + c_n x_1^n = 0$$
$$\vdots$$

$$c_0 + c_1 x_n + \cdots + c_n x_n^n = 0$$

$$\therefore \begin{pmatrix} 1 & x_0 & x_0^2 & \cdots & x_0^n \\ 1 & x_1 & x_1^2 & \cdots & x_1^n \\ \vdots & \vdots & \vdots & & \vdots \\ 1 & x_n & x_n^2 & \cdots & x_n^n \end{pmatrix} \begin{pmatrix} c_0 \\ c_1 \\ \vdots \\ c_n \end{pmatrix} = \begin{pmatrix} 0 \\ 0 \\ \vdots \\ 0 \end{pmatrix} \Biggr\} \quad (1.6.4)$$

ここで

$$\begin{vmatrix} 1 & x_0 & x_0^2 & \cdots & x_0^n \\ 1 & x_1 & x_1^2 & \cdots & x_1^n \\ \vdots & \vdots & \vdots & & \vdots \\ 1 & x_n & x_n^2 & \cdots & x_n^n \end{vmatrix} = \prod_{k>j}(x_k - x_j) \neq 0$$

$(x_0, \cdots, x_n$ はすべて異なるから$)$

したがって，連立方程式$(1.6.4)$式は自明な解$c_0 = c_1 = \cdots = c_n = 0$のみとなり，$1, x, \cdots, x^n$ は1次独立である。

区間$\mathrm{I} = [-1, 1]$において，関数列$(1, x, x^2, \cdots, x^n \cdots)$から，正規直交系をつくる。$f_1(x) = 1, f_2(x) = x, \cdots, f_n(x) = x^{n-1}, \cdots$とすると

$$f_1(x) = 1 \text{ ならば } \|f_1(x)\| = \sqrt{2} \quad \therefore \quad \varphi_1(x) = \frac{1}{\sqrt{2}}$$

$$f_2(x) = x \text{ ならば } f_2 - (\varphi_1, f_1) = x \quad \therefore \quad \varphi_2(x) = \sqrt{\frac{3}{2}} x$$

$$f_3(x) = x^2 \text{ ならば } f_3 - (\varphi_1, f_3)\varphi_1 - (\varphi_2, f_3)\varphi_2 = x^2 - \frac{1}{3}$$

$$\therefore \quad \varphi_3(x) = \sqrt{\frac{5}{2}} \left(\frac{3}{2} x^2 - \frac{1}{2} \right)$$

以下同様にして

$$\varphi_4(x) = \sqrt{\frac{7}{2}} \left(\frac{5}{2} x^3 - \frac{3}{2} x \right), \cdots$$

が得られる。この正規直交系$\varphi_1(x), \varphi_2(x), \cdots$はルジャンドル(**Legendre**)の**多項式**とよばれる次のn次式$P_n(x)$によって

$$\varphi_n(x) = \sqrt{\frac{2n+1}{2}} P_n(x) \quad (1.6.5)$$

と表される。ここで，$P_n(x)$は次の微分方程式

$$\frac{d}{dx}\left\{(1-x^2)\frac{du}{dx}\right\}+n(n+1)u=0 \tag{1.6.6}$$

の解として表されるものである（この微分方程式を**ルジャンドルの微分方程式**という）。この$P_n(x)$はまた次の**ロドリゲス(Rodrigues)の公式**

$$P_n(x)=\frac{1}{2^n n!}\cdot\frac{d^n}{dx^n}(x^2-1)^n \tag{1.6.7}$$

によって求められる。また(1.6.5)式により

$$\int_{-1}^{1}P_m(x)P_n(x)\,dx=\begin{cases}\dfrac{2}{2n+1} & (n=m)\\ 0 & (n\neq m)\end{cases}$$

区間$\mathrm{I}=[a,\ b]$で区分的に連続な関数全体のなす内積空間を$\mathrm{CP}[\mathrm{I}]$と表すと，$\mathrm{CP}[\mathrm{I}]$はベクトル空間である。$\{\varphi_1(x),\ \varphi_1(x),\cdots\}$を$\mathrm{CP}[\mathrm{I}]$の正規直交系とする。任意の$f(x)\in\mathrm{CP}[\mathrm{I}]$が

$$f(x)=\sum_{n=1}^{\infty}c_n\varphi_n(x) \tag{1.6.8}$$

と表され，項別積分可能であるとすると，$\varphi_m(x)$をかけて積分すると

$$\begin{aligned}\{f(x),\ \varphi_m(x)\}&=\int_a^b f(x)\varphi_m(x)dx\\ &=\sum_{n=1}^{\infty}c_n\int_a^b\varphi_n(x)\varphi_m(x)\,dx=c_m(\varphi_m,\ \varphi_n)\\ &=c_m(\varphi_m,\ \varphi_m)=c_m\end{aligned}$$

ゆえに

$$c_m=(f,\ \varphi_m) \tag{1.6.9}$$

これを(1.6.8)式に代入すると

$$f(x)=\sum_{n=1}^{\infty}(f,\ \varphi_n)\varphi_n \tag{1.6.10}$$

この(1.6.10)式を**一般フーリエ級数**といい，(1.6.9)式の係数を**一般フーリエ係数**という。

> **定理 7**
>
> （**最小2乗近似**） $\{\varphi_1(x), \varphi_2(x), \cdots\}$ を区間 $I = [a, b]$ 上の正規直交系とし，$f(x) \in \mathrm{CP}[I]$ に対して
>
> $$E_N = E_N(\alpha_1, \cdots, \alpha_N) = \left\| f(x) - \sum_{n=1}^{N} \alpha_n \varphi_n(x) \right\| \tag{1.6.11}$$
>
> とおく。$\alpha_1, \cdots, \alpha_N$ を動かすとき，E_N が最小となるのは $\alpha_n = (f, \varphi_n)$，$(n = 1, \cdots, N)$ のときである。
>
> また，次の不等式が成り立つ。
>
> $$\sum_{n=1}^{\infty} (f, \varphi_n)^2 \leqq \|f\|^2 \quad (\text{ベッセルの不等式}) \tag{1.6.12}$$
>
> $$(f, \varphi_n) \to 0 \quad (n \to \infty) \tag{1.6.13}$$

証明は第4節の議論と同様にできる。

$\{\varphi_1(x), \varphi_2(x), \cdots\}$ を正規直交系とする。

$$(f, \varphi_n) = 0 \quad (n = 1, 2, \cdots), \quad \|f\| \neq 0, \quad f(x) \notin \{\varphi_1(x), \varphi_2(x), \cdots\}$$

となる $f(x)$ が $\mathrm{CP}[I]$ の中に存在しないとき，$\{\varphi_1(x), \varphi_2(x), \cdots\}$ は $\mathrm{CP}[I]$ において**完全**であるという。

$\{\varphi_1(x), \varphi_2(x), \cdots\}$ が完全正規直交系ならば，任意の $f(x) \in \mathrm{CP}[I]$ に対して

$$\sum_{n=1}^{\infty} (f, \varphi_n)^2 = \|f\|^2 \quad (\text{パーセバルの等式}) \tag{1.6.14}$$

が成り立つ。逆に，任意の $f(x) \in \mathrm{CP}[I]$ に対して，(1.6.14)式が成り立てば

$$\left\| f - \sum_{n=1}^{N} (f, \varphi_n) \varphi_n \right\|^2 = \|f\|^2 - \sum_{n=1}^{N} (f, \varphi_n)^2 \to 0 \quad (N \to \infty)$$

したがって，正規直交系 $\{\varphi_1(x), \varphi_2(x), \cdots\}$ は完全である。

例3 いま

$$H_n(x) = (-1)^n e^{x^2} \frac{d^n e^{-x^2}}{dx^n} \quad (n = 0, 1, 2, \cdots) \ (-\infty < x < \infty) \tag{1.6.15}$$

とおくと，$H_n(x)$ は n 次多項式で，これを**エルミット(Hermite)多項式**といい，

次の式が成り立つ。

$$H_n(x) = \sum_{k=0}^{\left[\frac{n}{2}\right]} (-1)^k \frac{n!}{k!(n-k)!} (2x)^{n-2k} \tag{1.6.16}$$

また，$\{H_0(x), H_1(x), H_2(x), \cdots\}$ は重み関数 e^{-x^2} に関して直交系をなす。

$$\int_{-\infty}^{\infty} H_m(x) H_n(x) e^{-x^2} dx = \begin{cases} \sqrt{\pi} n! 2^n & (m=n) \\ 0 & (m \neq n) \end{cases} \tag{1.6.17}$$

(解答) 数学的帰納法で(1.6.16)式を証明する。

$n=0$ のとき $H_0(x) = e^{x^2} \cdot e^{-x^2} = 1$

$n=1$ のとき $H_1(x) = -e^{x^2} \left(e^{-x^2}\right)' = 2x$

(1.6.15)式より

$$\frac{d^n e^{-x^2}}{dx^n} = (-1)^n e^{-x^2} H_n(x)$$

また，$(n-1)$ まで，(1.6.16)式が成り立つとすると

$$\frac{d^n e^{-x^2}}{dx^n} = \frac{d}{dx}\left\{(-1)^{n-1} e^{-x^2} H_{n-1}(x)\right\}$$

$$= (-1)^{n-1}\left\{-2x e^{-x^2} H_{n-1}(x) + e^{-x^2} H'_{n-1}(x)\right\}$$

ここで

$$H'_{n-1}(x) - 2x H_{n-1}(x)$$

$$= (-1)^n e^{-x^2} \sum_{k=0}^{\left[\frac{n}{2}\right]} (-1)^k \frac{n!}{k!(n-k)!} (2x)^{n-2k}$$

したがって，(1.6.16)式が成り立つ。これより

$H_0(x) = 1$

$H_1(x) = 2x$

$H_2(x) = 4x^2 - 2$

$H_3(x) = 8x^3 - 12x$

$H_4(x) = 16x^4 - 48x^2 + 12$

$\vdots$

第1章　フーリエ級数

┃ (1.6.17)式は(1.6.16)式を使って証明できる。

例4 いま

$$L_n(x) = e^x \frac{d^n}{dx^n}(x^n e^{-x}) \quad (n = 0, 1, 2, \cdots) \quad (0 \leq x < \infty) \tag{1.6.18}$$

とおくと，$L_n(x)$はn次多項式で，これを**ラゲール(Laguerre)の多項式**といい

$$L_n(x) = \sum_{k=0}^{n} (-1)^k {}_n C_k \frac{n!}{k!} x^k \tag{1.6.19}$$

が成り立ち，$\{L_0(x), L_1(x), L_2(x), \cdots\}$は重み関数$e^{-x}$に関して，直交系をなし

$$\int_0^\infty L_m(x) L_n(x) e^{-x} dx = \begin{cases} n! & (m = n) \\ 0 & (m \neq n) \end{cases} \tag{1.6.20}$$

次の微分方程式については，第3章の2節において，詳しく述べるので，結果のみあげる。

微分方程式(ベッセルの微分方程式)

$$x^2 \frac{d^2 y}{dx^2} + x \frac{dy}{dx} + (x^2 - k^2) y = 0 \tag{1.6.21}$$

(後述p. 86)において，kが整数でないときは，解は次のJ_k，J_{-k}となる。

$$J_k(x) = x^k \sum_{m=0}^{\infty} \frac{(-1)^m}{\Gamma(m+1)\Gamma(m+k+1)} \left(\frac{x}{2}\right)^{2m} \tag{1.6.22}$$

$$J_{-k}(x) = x^{-k} \sum_{m=0}^{\infty} \frac{(-1)^m}{\Gamma(m+1)\Gamma(m-k+1)} \left(\frac{x}{2}\right)^{2m} \tag{1.6.23}$$

ここで，$\Gamma(\alpha)$は次の式で定義される**ガンマ関数**である。

$$\Gamma(\alpha) = \int_0^\infty e^{-t} t^{\alpha-1} dt \tag{1.6.24}$$

また，kが整数のときは，解はJ_k(上のJ_kと同じ)と次の$Y_0(x)$となる。

$$Y_k = J_k(x) \log x + \cdots$$

($J_k(x)$を**第1種ベッセル関数**，$Y_k(x)$を**第2種ベッセル関数**という)。

$J_k(x)$ の零点 ($J_k(x) = 0$ となる点 x を**零点**という) を α_{k1}, α_{k2}, $\cdots$ とおくと，重み関数 x に関して直交系をなし

$$\int_0^1 x J_k^2(\alpha_{kn} x)\, dx = \frac{1}{2} J_{k+1}^2(\alpha_{kn}) \tag{1.6.25}$$

次の式が成り立つ。

$$\frac{d}{dx}\{x^k J_k(x)\} = x^k J_{k-1}(x) \tag{1.6.26}$$

$$\frac{d}{dx}\{x^{-k} J_k(x)\} = -x^{-k} J_{k+1}(x) \tag{1.6.27}$$

$$J_{k-1}(x) + J_{k+1}(x) = \frac{2k}{x} J_k(x), \quad J_{k-1}(x) - J_{k+1}(x) = 2 J_k'(x) \tag{1.6.28}$$

$$J_{\frac{1}{2}}(x) = \sqrt{\frac{2}{\pi x}} \sin x, \quad J_{-\frac{1}{2}}(x) = \sqrt{\frac{2}{\pi x}} \cos x \tag{1.6.29}$$

さらに，次の定理が成り立つ。

定理8

$[0, 1]$ で区分的に滑らかな関数 $f(x)$ は次のように表される。

$$f(x) \sim \sum_{n=1}^{\infty} a_n J_k(\alpha_{kn} x) \tag{1.6.30}$$

$$a_n = \frac{2}{J_{k+1}^2(\alpha_{kn})} \int_0^1 x f(x) J_k(\alpha_{kn} x)\, dx \tag{1.6.31}$$

級数 (1.6.30) 式を**フーリエ・ベッセル級数**という。

問 題

〔1〕 区間 $[-1, 1]$ において，関数 x^2, x^3 をルジャンドル関数で表せ。

〔2〕 区間 $[-\pi, \pi]$ において正規直交系
$$\left(\frac{1}{\sqrt{2\pi}}, \ \frac{1}{\sqrt{\pi}}\cos x, \ \frac{1}{\sqrt{\pi}}\cos 2x, \ \cdots\right)$$
および
$$\left(\frac{1}{\sqrt{\pi}}\sin x, \ \frac{1}{\sqrt{\pi}}\sin 2x, \ \cdots\right)$$
は完全でないことを示せ。

〔3〕 ルジャンドル多項式 $P_n(x)$ について，次の式が成り立つことを示せ。
(1) $P(-x) = (-1)^n P_n(x)$ (2) $P_{2n+1}(0) = 0$
(3) $P'_{2n}(0) = 0$ (4) $P'_{n+1}(x) - xP'_n(x) = (n+1)P_n(x)$
(5) $(1 - 2xt + t^2)^{-\frac{1}{2}} = \sum_{n=0}^{\infty} t^n P_n(x)$

〔4〕 $m \geq n$ に対して，次の式を示せ。
$$\int_{-1}^{1} x^m P_n(x)\,dx = \frac{(-1)^n m(m-1)\cdots(m-n+1)}{2^n n!} \int_{-1}^{1} x^{m-n}(x^2-1)^n\,dx$$

〔5〕 $f, f', \cdots, f^{(n)} \in \mathrm{CP}[-1, 1]$ となるとき，次の式を示せ。
$$\int_{-1}^{1} f(x)P_n(x)\,dx = \frac{(-1)^n}{2^n n!} \int_{-1}^{1} (x^2-1)^n f^{(n)}(x)\,dx$$

〔6〕 次の式が成り立つことを示せ。

(1) $J_0'(x) = -J_1(x)$

(2) $J_n''(x) = \dfrac{1}{4}\{J_{n-2}(x) - 2J_n(x) + J_{n+2}(x)\}$

(3) $J_1'(x) = J_0(x) - \dfrac{1}{x}J_1(x)$

(4) $J_2'(x) = \left(1 - \dfrac{4}{x^2}\right)J_1(x) + \dfrac{2}{x}J_0(x)$

(5) $\displaystyle\int x^k J_{k-1}(x)\,dx = x^k J_k(x) + C$

(6) $\displaystyle\int x^{-k} J_{k+1}(x)\,dx = -x^{-k} J_x(x) + C$

(7) $\displaystyle\int J_{k+1}(x)\,dx = \int J_{k-1}(x)\,dx - 2J_k(x)$

(8) $\displaystyle\int J_2(x)\,dx = -2J_1(x) + \int J_0(x)\,dx$

(9) $\displaystyle\int x J_1(x)\,dx = -x J_0(x) + \int J_0(x)\,dx$

第2章　フーリエ積分

1　フーリエ積分，フーリエ変換

　$f(x)$ を区間 $(-\infty, \infty)$ で定義された，周期を持たない関数とする。$f(x)$ は周期を持たないから，フーリエ級数に表すことはできない。しかし，$f(x)$ を区間 $[-L, L]$ に制限し，この周期 $2L$ の周期的拡張をとると，フーリエ級数に展開できる。そこで，$L \to \infty$ とし，これを $f(x)$ と捉えることは自然である。

　本章では，$f(x)$ は $(-\infty, \infty)$ で定義された区分的に連続な関数で

$$\int_{-\infty}^{\infty} |f(x)| dx < \infty \quad (有限確定)$$

とする。

　いま，$f(x)$ を $[-L, L]$ に制限すると

$$\left.\begin{array}{l} f(x) \sim \displaystyle\sum_{n=-\infty}^{\infty} c_n e^{i\frac{n\pi x}{L}} \\ c_n = \dfrac{1}{2L} \displaystyle\int_{-L}^{L} f(t) e^{-i\frac{n\pi t}{L}} dt \end{array}\right\} \qquad (2.1.1)$$

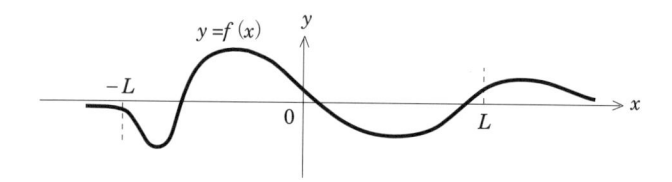

ここで

$$\int_{-\infty}^{\infty} |f(t)| dt < \infty$$

より

$$|c_0| = \frac{1}{2L}\left|\int_{-L}^{L} f(t)dt\right| \leq \frac{1}{2L}\int_{-L}^{L} |f(t)|dt \to 0 \quad (L \to 0)$$

また

$$g_L(s) = \frac{1}{\sqrt{2\pi}}\int_{-L}^{L} f(t)e^{-ist}dt$$

とおくと

$$g_L(s) \to \frac{1}{\sqrt{2\pi}}\int_{-\infty}^{\infty} f(t)e^{-ist}dt \quad (L \to \infty)$$

また，$\frac{\pi}{L} = \Delta\omega$ とおくと，$\Delta\omega \to 0 (L \to \infty)$ で

$$c_n = \frac{1}{2L}\int_{-L}^{L} f(t)e^{-i\frac{n\pi}{L}t}dt = \left(\frac{1}{2\pi}\int_{-L}^{L} f(t)e^{-in\Delta\omega t}dt\right)\Delta\omega$$
$$= \frac{1}{\sqrt{2\pi}}g_L(n\Delta\omega)\Delta\omega$$

これより，$L \to \infty$ とすると，次の式が得られる．

$$\therefore \sum_{n=-\infty}^{\infty} c_n e^{i\frac{n\pi}{L}x} = \frac{1}{\sqrt{2\pi}}\sum_{n=-\infty}^{\infty} g_L(n\Delta\omega)e^{in\Delta\omega x}\Delta\omega$$
$$\to \frac{1}{\sqrt{2\pi}}\int_{-\infty}^{\infty}\left\{\frac{1}{\sqrt{2\pi}}\int_{-\infty}^{\infty} f(t)e^{-i\omega t}dt\right\}e^{i\omega x}d\omega$$

したがって，次の式が導かれる．

$f(x)$ を $(-\infty, \infty)$ で定義された関数で

$$\int_{-\infty}^{\infty} |f(x)|dx < \infty$$

ならば

$$f(x) \sim \frac{1}{\sqrt{2\pi}}\int_{-\infty}^{\infty} F(\omega)e^{i\omega x}d\omega \tag{2.1.2}$$

ここに

$$F(\omega) = \frac{1}{\sqrt{2\pi}}\int_{-\infty}^{\infty} f(t)e^{-i\omega t}dt \tag{2.1.3}$$

(2.1.2)式の右辺を $f(x)$ の**フーリエ積分**という．(2.1.3)式の $F(\omega)$ を $f(x)$ の**フーリエ変換**といい，$\mathcal{F}(f)(\omega)$ とも表す．

第2章 フーリエ積分

フーリエ級数の場合と同様にして，次の式が成り立つ。

① $f(x)$ が偶関数ならば

$$f(x) \sim \sqrt{\frac{2}{\pi}} \int_0^\infty F_c(\omega) \cos \omega x \, d\omega \tag{2.1.4}$$

$$F_c(\omega) = \sqrt{\frac{2}{\pi}} \int_0^\infty f(t) \cos \omega t \, dt \tag{2.1.5}$$

(2.1.4)式の右辺を**フーリエ余弦積分**といい，$F_c(\omega)$ を $f(x)$ の**フーリエ余弦変換**という。

② $f(x)$ が奇関数ならば

$$f(x) \sim \sqrt{\frac{2}{\pi}} \int_0^\infty F_s(\omega) \sin \omega x \, d\omega \tag{2.1.6}$$

$$F_s(\omega) = \sqrt{\frac{2}{\pi}} \int_0^\infty f(t) \sin \omega t \, dt \tag{2.1.7}$$

(2.1.6)式の右辺を**フーリエ正弦積分**といい，$F_s(\omega)$ を**フーリエ正弦変換**という。

また，フーリエ級数の収束と同様に次の定理が成り立つ。

定理 1

$f(x)$ を区間 $(-\infty, \infty)$ で定義された関数で，$f(x)$，$f'(x)$ は区分的に連続で

$$\int_{-\infty}^\infty |f(x)| dx < \infty$$

とすると，任意の点 x で

$$\frac{1}{2}\{f(x+0) + f(x-0)\} = \frac{1}{\sqrt{2\pi}} \int_{-\infty}^\infty F(\omega) e^{i\omega x} d\omega \tag{2.1.8}$$

ここに

$$F(\omega) = \frac{1}{\sqrt{2\pi}} \int_{-\infty}^\infty f(t) e^{-i\omega t} dt$$

(点 x が $f(x)$ の連続点ならば，上記のフーリエ積分は $f(x)$ に等しい)

1 フーリエ積分，フーリエ変換

例1 次の関数のフーリエ変換およびフーリエ積分表示を求めよ。

$$f(x) = \begin{cases} 1 & (|x|<1) \\ 0 & (|x|>1) \end{cases}$$

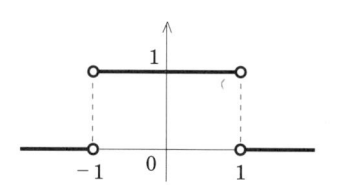

(解答) $f(x)$ は偶関数であるから，フーリエ変換は

$$F_c(\omega) = \sqrt{\frac{2}{\pi}} \int_0^\infty f(t)\cos\omega t\, dt = \sqrt{\frac{2}{\pi}} \int_0^1 \cos\omega t\, dt = \sqrt{\frac{2}{\pi}} \frac{\sin\omega}{\omega}$$

$$\therefore\quad f(x) \sim \sqrt{\frac{2}{\pi}} \int_0^\infty F_c(\omega)\cos\omega x\, d\omega = \frac{2}{\pi} \int_0^\infty \frac{\cos\omega x \sin\omega}{\omega} d\omega$$

この式および定理1により

$$\frac{2}{\pi} \int_0^\infty \frac{\cos\omega x \sin\omega}{\omega} d\omega = \begin{cases} 0 & (|x|>1) \\ \dfrac{1}{2} & (|x|=1) \\ 1 & (|x|<1) \end{cases}$$

特に，$x = 0$ とおくと

$$\int_0^\infty \frac{\sin\omega}{\omega} d\omega = \frac{\pi}{2}$$

ここで

$$Si(t) = \int_0^t \frac{\sin\omega}{\omega} d\omega, \quad si(t) = \int_t^\infty \frac{\sin\omega}{\omega} d\omega$$

は**正弦積分**，**補正弦積分**と呼ばれる関数で，この不定積分は初等関数では表すことができない。また

$$Ci(t) = \int_t^\infty \frac{\cos\omega}{\omega} d\omega$$

を**余弦積分**という。

例2 次の積分方程式を満たす $f(x)$ を求めよ。

$$\int_0^\infty f(t)\sin xt\, dt = \begin{cases} 1-x & (0\leq x<1) \\ 0 & (x\geq 1) \end{cases}$$

(解答) $f(x)$ のフーリエ正弦変換

$$F_s(x) = \sqrt{\frac{2}{\pi}} \int_0^\infty f(t)\sin xt\, dt$$

をとると，これは与式の左辺に $\sqrt{2/\pi}$ をかけたものである。したがって

$$F_s(x) = \begin{cases} \sqrt{\dfrac{2}{\pi}}(1-x) & (0\leq x<1) \\ 0 & (x>0) \end{cases}$$

このフーリエ積分をつくると

$$f(x) = \sqrt{\frac{2}{\pi}} \int_0^\infty F_s(\omega)\sin\omega x\, d\omega = \frac{2}{\pi}\int_0^1 (1-\omega)\sin\omega x\, d\omega$$

$$= \frac{2}{\pi}\cdot\frac{x-\sin x}{x^2}$$

例3 次の式を証明せよ。

$$\int_0^\infty \frac{\omega^3\sin\omega x}{\omega^4+4}d\omega = \frac{\pi}{2}e^{-x}\cos x \quad (x>0)$$

(解答) $\mathscr{F}_s(e^{-x}\cos x) = F_s(\omega)$ とおくと

$$F_s(\omega) = \sqrt{\frac{2}{\pi}}\int_0^\infty e^{-x}\cos x \sin\omega x\, dx$$

$$= \frac{1}{2}\sqrt{\frac{2}{\pi}}\int_0^\infty e^{-x}\{\sin(\omega+1)x + \sin(\omega-1)x\}dx$$

$$= \frac{\sqrt{2}}{\pi}\cdot\frac{\omega^3}{\omega^4+4}$$

$$\therefore\quad e^{-x}\cos x = \sqrt{\frac{2}{\pi}}\int_0^\infty F_s(\omega)\sin\omega x\, d\omega = \frac{2}{\pi}\int_0^\infty \frac{\omega^3\sin\omega x}{\omega^4+4}d\omega$$

問 題

[1] 次の関数のフーリエ変換およびフーリエ積分を求めよ（ただし，$a>0$）。

(1) $f(x)=\begin{cases} 1 & (|x|<a) \\ 0 & (|x|>a) \end{cases}$

(2) $f(x)=\begin{cases} x & (|x|<a) \\ 0 & (|x|>a) \end{cases}$

(3) $f(x)=\begin{cases} e^{-x} & (x\geqq 0) \\ e^{x} & (x<0) \end{cases}$

(4) $f(x)=\begin{cases} x^2 & (|x|<a) \\ 0 & (|x|>a) \end{cases}$

(5) $f(x)=\begin{cases} e^{-ax} & (x\geqq 0) \\ e^{ax} & (x<0) \end{cases}$

(6) $f(x)=\begin{cases} \sin x & (|x|<\pi) \\ 0 & (|x|>\pi) \end{cases}$

(7) $f(x)=\begin{cases} |x| & (|x|<a) \\ 0 & (|x|>a) \end{cases}$

(8) $f(x)=\begin{cases} 1 & (0<x<a) \\ 0 & (x<0,\ x>a) \end{cases}$

(9) $f(x)=\begin{cases} \cos x & (\alpha<x<\beta) \\ 0 & (x<\alpha,\ x>\beta) \end{cases}$

(10) $f(x)=\begin{cases} x^3 & (|x|<a) \\ 0 & (|x|>a) \end{cases}$

(11) $f(x)=\begin{cases} 1 & (\alpha<x<\beta) \\ 0 & (x<\alpha,\ x>\beta) \end{cases}$

(12) $f(x)=\begin{cases} \cos x & (|x|<a) \\ 0 & (|x|>a) \end{cases}$

(13) $f(x)=\begin{cases} \sin^2 x & (|x|<\pi) \\ 0 & (|x|>\pi) \end{cases}$

(14) $f(x)=\begin{cases} \cos^2 x & (|x|<\pi) \\ 0 & (|x|>\pi) \end{cases}$

[2] 次の関数 $f(x)$ を (2.1.4), (2.1.6) 式の形で表せ（ただし，$k>0$）。

(1) $f(x)=\begin{cases} 1 & (0\leqq x<k) \\ 0 & (x>k) \end{cases}$

(2) $f(x)=\begin{cases} 1-x & (0<x<1) \\ 0 & (x>1) \end{cases}$

(3) $f(x)=\begin{cases} x & (0\leqq x<k) \\ 2k-x & (k<x<2k) \\ 0 & (x>2k) \end{cases}$

(4) $f(x)=\begin{cases} 0 & (0<x<1,\ x>2) \\ 1 & (1<x<2) \end{cases}$

(5) $f(x)=\begin{cases} 1-x^2 & (0<x<1) \\ 0 & (x>1) \end{cases}$

[3] 次の積分方程式を満たす $f(x)$ を求めよ(ただし,$0<a<b$)。

(1) $\displaystyle\int_0^\infty f(t)\cos xt\,dt = \begin{cases} 1-x & (0\leq x\leq 1) \\ 0 & (x>1) \end{cases}$

(2) $\displaystyle\int_0^\infty f(t)\cos xt\,dt = \begin{cases} x & (0<x<1) \\ 0 & (x>1) \end{cases}$

(3) $\displaystyle\int_0^\infty f(t)\sin xt\,dt = \begin{cases} x^2 & (0<x<a) \\ 0 & (x>a) \end{cases}$

(4) $\displaystyle\int_0^\infty f(t)\sin xt\,dt = \begin{cases} 1 & (0<x<a) \\ 0 & (x>a) \end{cases}$

(5) $\displaystyle\int_0^\infty f(t)\cos xt\,dt = \begin{cases} x+x^2 & (a<x<b) \\ 0 & (0<x<a,\ x>b) \end{cases}$

(6) $\displaystyle\int_0^\infty f(t)\sin xt\,dt = e^{-ax} \quad (x>0)$

(7) $\displaystyle\int_0^\infty f(t)\cos xt\,dt = e^{-ax} \quad (x>0)$

(8) $\displaystyle\int_{-\infty}^\infty f(t)e^{-ixt}dt = \begin{cases} 1 & (a<x<b) \\ 0 & (x<a,\ x>b) \end{cases}$

(9) $\displaystyle\int_{-\infty}^\infty f(t)e^{-ixt}dt = \begin{cases} x & (a<x<b) \\ 0 & (x<a,\ x>b) \end{cases}$

(10) $\displaystyle\int_{-\infty}^\infty f(t)e^{-ixt}dt = \begin{cases} x^2 & (a<x<b) \\ 0 & (x<a,\ x>b) \end{cases}$

(11) $\displaystyle\int_{-\infty}^\infty f(t)e^{-ixt}dt = \begin{cases} \sin kx & (a<x<b) \\ 0 & (x<a,\ x>b) \end{cases}$

(12) $\displaystyle\int_{-\infty}^\infty f(t)e^{-ixt}dt = \begin{cases} \cos kx & (a<x<b) \\ 0 & (x<a,\ x>b) \end{cases}$

〔4〕 フーリエ積分(2.1.2)式の右辺は次のように表されることを示せ．
$$\frac{1}{\pi}\int_0^\infty \int_{-\infty}^\infty f(u)\cos\omega(x-u)\,du\,d\omega$$

〔5〕〔1〕(5)および公式(2.1.4),(2.1.5)を用いて
$$\frac{a}{x^2+a^2}$$
のフーリエ変換を求めよ．

〔6〕 次の式を証明せよ．

(1) $\displaystyle\int_0^\infty \frac{\sin\pi\omega\sin\omega x}{1-\omega^2}d\omega = \begin{cases} \dfrac{\pi}{2}\sin x & (|x|<\pi) \\ 0 & (|x|>\pi) \end{cases}$

(2) $\displaystyle\int_0^\infty \frac{(1+\cos\pi\omega)\cos\omega x}{1-\omega^2}d\omega = \begin{cases} \dfrac{\pi}{2}\sin x & (0\leqq x<\pi) \\ 0 & (x>\pi) \end{cases}$

(3) $\displaystyle\int_0^\infty \frac{\cos\omega x+\omega\sin\omega x}{1+\omega^2}d\omega = \begin{cases} \pi e^{-x} & (x>0) \\ \dfrac{\pi}{2} & (x=0) \\ 0 & (x<0) \end{cases}$

(4) $\displaystyle\int_0^\infty \frac{(1-\cos\pi\omega)\sin\omega x}{\omega}d\omega = \begin{cases} \dfrac{\pi}{2} & (0<x<\pi) \\ \dfrac{\pi}{4} & (x=\pi) \\ 0 & (x>\pi) \end{cases}$

(5) $\displaystyle\int_0^\infty \frac{a\cos\omega x}{\omega^2+a^2}d\omega = e^{-ax} \quad (a>0)$

〔7〕 関数

$$f(x) = \begin{cases} 1 - \dfrac{|x|}{L} & (|x| < L) \\ 0 & (|x| < L) \end{cases}$$

のフーリエ変換を求め，それにより次の式を示せ．

$$\int_0^\infty \left(\frac{\sin x}{x}\right)^2 dx = \frac{\pi}{2}$$

2 フーリエ変換の性質

区間$(-\infty, \infty)$で定義された関数$f(x)$が条件

$$\int_{-\infty}^{\infty} |f(x)|dx < \infty \tag{2.2.1}$$

を満たすとき,$f(x) \in L^1(-\infty, \infty)$(これを単に$L^1$と略記)と表す。

〔1〕 有界性

> **定理2**
> $f(x) \in L^1$のフーリエ変換 $F(\omega)$ は区間$(-\infty, \infty)$で有界で,一様連続である。

(証明) (2.2.1)式より

$$|F(\omega)| = \left| \frac{1}{\sqrt{2\pi}} \int_{-\infty}^{\infty} f(t)e^{-i\omega t}dt \right|$$

$$\leq \frac{1}{\sqrt{2\pi}} \int_{-\infty}^{\infty} |f(t)e^{-i\omega t}|dt$$

$$\leq \frac{1}{\sqrt{2\pi}} \int_{-\infty}^{\infty} |f(t)|dt = M < \infty$$

(オイラーの公式より,$|e^{-i\omega t}| = 1$であるから,$|f(t)e^{-i\omega t}| = |f(t)|$)

したがって,$F(\omega)$は有界である。

[注] 関数$f(x)$が点aで連続とは,任意の$\varepsilon > 0$に対して,ある$\delta > 0$(点aとεに応じて)がとれて,$|x-a| < \delta$ならば,$|f(x) - f(a)| < \varepsilon$となることである。区間Ⅰの各点で連続のとき,$f'(x)$はⅠで連続であるという。したがって,$\delta$は$a$が変われば変わる。しかし,$a$が変わっても,$\delta$が(あらかじめ小さくとれば)Ⅰのどの点でも変わらずに(共通に)とれるとき,$f(x)$はⅠで**一様に連続**であるという。

一様連続性 $\varepsilon > 0$をとり

$$\int_{-\infty}^{\infty} |f(x)|dt = M$$

とおく。

$|F(\omega+\delta)-F(\omega)|$

$$= \frac{1}{\sqrt{2\pi}}\left|\int_{-\infty}^{\infty}f(t)e^{-i\omega t}\{e^{-i\delta t}-1\}dt\right|$$

$$\leq \frac{1}{\sqrt{2\pi}}\int_{-\infty}^{\infty}|f(t)||e^{-i\delta t}-1|dt$$

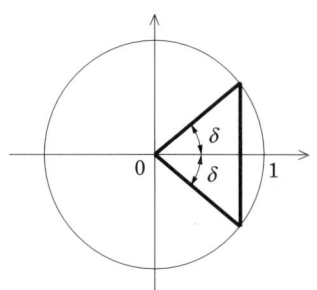

ここで

$$|e^{i\theta}-1|^2=(\cos\theta-1)^2+\sin^2\theta=2(1-\cos\theta)=4\sin^2\frac{\theta}{2}$$

であるから

$$\int_{-\infty}^{\infty}|f(t)||e^{-i\delta t-1}|dt = 2\int_{-\infty}^{\infty}|f(t)|\left|\sin\left(\frac{\delta t}{2}\right)\right|dt$$

$$= 2\left(\int_{-\infty}^{-L}+\int_{L}^{\infty}+\int_{-L}^{L}\right)$$

と積分を分解し L を十分大きくとると

$$\int_{-\infty}^{-L}|f(t)|\left|\sin\left(\frac{\delta t}{2}\right)\right|dt+\int_{L}^{\infty}|f(t)|\left|\sin\frac{\delta t}{2}\right|dt$$

$$\leq \int_{-\infty}^{-L}|f(t)|dt+\int_{L}^{\infty}|f(t)|dt<\frac{\varepsilon}{4}\cdot\sqrt{2\pi}$$

と表される(このように L をとる)。また，$2\theta/\pi \leq \sin\theta<\theta\,(0\leq\theta\leq\pi/2)$ であるから，δ を π/L と $\varepsilon\sqrt{\pi}/2ML$ の小さいほうよりも小さくとれば

$$\sin\frac{\delta t}{2}<\frac{\delta t}{2}\quad\left(0<\frac{\delta t}{2}<\frac{\pi}{2}\right)$$

であるから

$$\int_{-L}^{L}|f(t)|\left|\sin\frac{\delta t}{2}\right|dt\leq \int_{-L}^{L}|f(t)|\frac{\delta t}{2}dt\leq \frac{\delta L}{2}\int_{-L}^{L}|f(t)|dt$$

$$\leq \frac{\delta LM}{4}<\frac{\varepsilon}{4}$$

$$\therefore\quad |F(\omega+\delta)-F(\omega)|\leq 2\left\{\int_{-L}^{L}|f(t)|\left|\sin\left(\frac{\delta t}{2}\right)\right|dt+\int_{-\infty}^{-L}+\int_{L}^{\infty}\right\}$$

$$\leq 2\left(\frac{\varepsilon}{4}+\frac{\varepsilon}{4}\right)=\varepsilon$$

2 フーリエ変換の性質

〔2〕 線形性

関数 $f(x)$, $g(x)$ と実数 α, β に対して
$$\mathcal{F}(\alpha f + \beta g) = \alpha \mathcal{F}(f) + \beta \mathcal{F}(g)$$

〔3〕 対称性

$f(x)$ のフーリエ変換を $F(\omega)$ とすると,$F(x)$ のフーリエ変換は $f(-\omega)$ である。

〔4〕

a を 0 でない定数とし,$f(x)$ のフーリエ変換を $F(\omega)$ とすると,$f(ax)$ のフーリエ変換は $(1/|a|)F(\omega/a)$ である。

〔5〕

$f(x)$ のフーリエ変換を $F(\omega)$ とすると,$f(x-x_0)$ のフーリエ変換は $e^{-ix_0\omega}F(\omega)$ である。

〔6〕 微分法

$f(x) \in L^1$, $xf(x) \in L^1$ とし,$f(x)$ のフーリエ変換を $F(\omega)$,$xf(x)$ のフーリエ変換を $G(\omega)$ とすると

$$F'(\omega) = -iG(\omega) = -i\frac{1}{\sqrt{2\pi}}\int_{-\infty}^{\infty} tf(t)e^{-i\omega t}dt \tag{2.2.2}$$

さらに,$xf(x)$, $x^2f(x)$, $\cdots$, $x^nf(x) \in L^1(-\infty, \infty)$ とし,これらのフーリエ変換をそれぞれ $G_1(\omega) = G(\omega)$, $G_2(\omega)$, $\cdots$, $G_n(\omega)$ とすると

$$F^{(n)}(\omega) = (-i)^n G_n(\omega) = (-i)^n \frac{1}{\sqrt{2\pi}}\int_{-\infty}^{\infty} t^n f(t)e^{-i\omega t}dt \tag{2.2.3}$$

〔7〕 合成積(たたみこみ)

$f(x)$, $g(x) \in L^1$ に対して

$$(f*g)(x) = \int_{-\infty}^{\infty} f(u)g(x-u)\,du \tag{2.2.4}$$

とおく。これを $f(x)$ と $g(x)$ との**合成積**(たたみこみ)という。

合成積について，次の式が成り立つ。

$$f*g = g*f \tag{2.2.5}$$
$$f*(g*h) = (f*g)*h \tag{2.2.6}$$
$$f*(g+h) = f*g + f*h \tag{2.2.7}$$

合成積について，次の定理が成り立つ。

定理3

$f(x)$, $g(x) \in L^1$ とし，$f(x)$ のフーリエ変換を $F(\omega)$，$g(x)$ のフーリエ変換を $G(\omega)$ とする。このとき，$f*g \in L^1$ で，$f*g$ のフーリエ変換は

$$\sqrt{2\pi}F(\omega)G(\omega)$$

である。

(証明) $h = f*g$ のフーリエ変換を $H(\omega)$ とすると

$$\frac{1}{\sqrt{2\pi}}H(\omega) = \frac{1}{2\pi}\int_{-\infty}^{\infty} h(t)e^{-i\omega t}dt$$

$$= \frac{1}{2\pi}\int_{-\infty}^{\infty}\left\{\int_{-\infty}^{\infty} f(u)g(t-u)\,du\right\}e^{-i\omega t}dt$$

(積分順序を交換し)

$$= \frac{1}{2\pi}\int_{-\infty}^{\infty} f(u)\left\{\int_{-\infty}^{\infty} g(t-u)e^{-i\omega t}dt\right\}du$$

($t-u = s$ とおく)

$$= \frac{1}{2\pi}\int_{-\infty}^{\infty} f(u)\left\{\int_{-\infty}^{\infty} g(s)e^{-i\omega s - i\omega u}ds\right\}du$$

$$= \frac{1}{2\pi}\int_{-\infty}^{\infty} f(u)e^{-i\omega u}\left\{\int_{-\infty}^{\infty} g(s)e^{-i\omega s}ds\right\}du$$

$$= \frac{1}{\sqrt{2\pi}}\int_{-\infty}^{\infty} f(u)e^{-i\omega u}du \cdot \frac{1}{\sqrt{2\pi}}\int_{-\infty}^{\infty} g(s)e^{-i\omega s}ds$$

$$= F(\omega)G(\omega)$$

$$\therefore \quad H(\omega) = \sqrt{2\pi}F(\omega)G(\omega)$$

例1 関数

$$f(x) = \begin{cases} 1 - x^2 & (|x| \leq 1) \\ 0 & (|x| > 1) \end{cases}$$

のフーリエ変換 $F(\omega)$ を求めよ。

(解答)
$$f_1(x) = \begin{cases} 1 & (|x| \leq 1) \\ 0 & (|x| > 1) \end{cases} \qquad f_2(x) = \begin{cases} x^2 & (|x| \leq 1) \\ 0 & (|x| > 1) \end{cases}$$

とし,そのフーリエ変換をそれぞれ $F_1(\omega)$, $F_2(\omega)$ とすると

$$F_1(\omega) = \sqrt{\frac{2}{\pi}} \int_0^\infty f_1(t) \cos \omega t \, dt = \sqrt{\frac{2}{\pi}} \int_0^1 \cos \omega t \, dt$$

$$= \sqrt{\frac{2}{\pi}} \cdot \frac{\sin \omega}{\omega}$$

$$F_2(\omega) = \sqrt{\frac{2}{\pi}} \int_0^\infty f_2(t) \cos \omega t \, dt = \sqrt{\frac{2}{\pi}} \int_0^1 t^2 \cos \omega t \, dt$$

$$= \sqrt{\frac{2}{\pi}} \cdot \frac{(\omega^2 - 2)\sin \omega + 2\omega \cos \omega}{\omega^3}$$

$$\therefore \quad F(\omega) = F_1(\omega) - F_2(\omega) = 2\sqrt{\frac{2}{\pi}} \cdot \frac{\omega \cos \omega - \sin \omega}{\omega^3}$$

例2 $f(x)$ のフーリエ変換が

$$F(\omega) = \frac{\sin \omega}{\omega(\omega^2 + 1)}$$

となるとき,$f(x)$ を求めよ。

(解答)
$$F_1(\omega) = \frac{\sin \omega}{\omega}, \quad F_2(\omega) = \frac{1}{\omega^2 + 1}$$

とおくと

$F(\omega) = F_1(\omega)F_2(\omega)$

$F_1(\omega),\ F_2(\omega)$ のフーリエ積分をつくると

$$f_1(x) = \sqrt{\frac{2}{\pi}}\int_0^\infty \frac{\cos\omega x \sin\omega}{\omega}d\omega = \begin{cases} \sqrt{2\pi} & (|x|<1) \\ \sqrt{\dfrac{\pi}{2}} & (|x|=1) \\ 0 & (|x|>1) \end{cases} \quad (第1節,\ 例1)$$

$$f_2(x) = \sqrt{\frac{2}{\pi}}\int_0^\infty \frac{\cos\omega x}{\omega^2+1}d\omega = \sqrt{\frac{\pi}{2}}e^{-|x|} \quad (第1節,\ 問題〔1〕(3))$$

フーリエ変換の性質〔7〕によって $f_1 * f_2$ のフーリエ変換が $\sqrt{2\pi}F_1(\omega)F_2(\omega)$ であるから

$$(f_1 * f_2)(x) = \int_{-\infty}^{\infty} f_1(u)f_2(x-u)\,du = 2\pi\int_0^1 e^{-(x-u)}\,du = 2\pi(e-1)e^{-x}$$

$$\therefore\quad f(x) = \frac{1}{\sqrt{2\pi}}(e-1)e^{-x}$$

例3 $f \in L^1,\ F(\omega) = \mathscr{F}(f)(\omega)$ とするとき，次の式が成り立つ．

$$\mathscr{F}(f')(\omega) = i\omega F(\omega) \tag{2.2.8}$$

$$\mathscr{F}(f^{(n)})(\omega) = (i\omega)^n F(\omega) \tag{2.2.9}$$

例4 $f,\ f',\ f'' \in L^1$ で，これらが連続のとき，f のフーリエ正弦変換，余弦変換を，それぞれ $F_s,\ F_c$ とする．すなわち

$$F_s(\omega) = \sqrt{\frac{2}{\pi}}\int_0^\infty f(t)\sin\omega t\,dt, \quad F_c(\omega) = \sqrt{\frac{2}{\pi}}\int_0^\infty f(t)\cos\omega t\,dt$$

とするとき，$f',\ f''$ のフーリエ正弦変換，余弦変換

$$G_s(\omega),\ G_c(\omega),\ H_s(\omega),\ H_c(\omega)$$

を $F_s,\ F_c$ で表せ．

（解答）
$$G_s(\omega) = \sqrt{\frac{2}{\pi}} \int_0^\infty f'(t)\cos\omega t\, dt$$

（部分積分法により）
$$= \sqrt{\frac{2}{\pi}} \left\{ [f(t)\cos\omega t]_0^\infty + \omega \int_0^\infty f(t)\sin\omega t\, dt \right\}$$

$$= -\sqrt{\frac{2}{\pi}} f(0) + \omega F_s(\omega)$$

同様にして

$$G_c(\omega) = -\omega F_s$$

$$H_s(\omega) = \sqrt{\frac{2}{\pi}} \int_0^\infty f''(t)\sin\omega t\, dt$$

$$= \sqrt{\frac{2}{\pi}} \left\{ [f'(t)\sin\omega t]_0^\infty - \omega \int_0^\infty f'(t)\cos\omega t\, dt \right\}$$

$$= -\omega \sqrt{\frac{2}{\pi}} \int_0^\infty f'(t)\cos\omega t\, dt$$

$$= -\omega G_c = -\omega \left\{ -\sqrt{\frac{2}{\pi}} f(0) + \omega F_s(\omega) \right\}$$

$$= \omega \sqrt{\frac{2}{\pi}} f(0) - \omega^2 F_s(\omega)$$

$$H_c(\omega) = -\sqrt{\frac{2}{\pi}} f'(0) - \omega^2 F_c(\omega)$$

例5 $f(x)$ のフーリエ変換

$$F(\omega) = \frac{1}{\sqrt{2\pi}} \int_{-\infty}^\infty f(t)e^{-i\omega t} dt$$

において，$\omega = 0$ とおくと

$$\frac{1}{\sqrt{2\pi}} \int_{-\infty}^\infty f(t)\, dt = F(0)$$

$$\therefore \int_{-\infty}^\infty f(t)\, dt = \sqrt{2\pi} F(0)$$

これは，$-\infty < t < \infty$ における $f(t)$ の面積は $\omega = 0$ におけるフーリエ変換の値

$F(0)$ に $\sqrt{2\pi}$ をかけたものである，ということを示している．同様にして

$$\int_{-\infty}^{\infty} F(\omega)\,d\omega = \sqrt{2\pi}\,f(0)$$

例6 $\displaystyle\int_{-\infty}^{\infty} e^{-x^2}\,dx = \sqrt{\pi}$ を用いて，e^{-x^2} のフーリエ変換 $F(\omega)$ を求めよ．

(解答) e^{-x^2} のフーリエ変換は

$$F(\omega) = \mathscr{F}\left(e^{-x^2}\right) = \frac{1}{\sqrt{2\pi}} \int_{-\infty}^{\infty} e^{-x^2} e^{-i\omega x}\,dx$$

これを ω で微分すると（積分内を ω で微分する）

$$\frac{dF(\omega)}{d\omega} = \frac{1}{\sqrt{2\pi}} \int_{-\infty}^{\infty} (-ix) e^{-x^2} \cdot e^{-i\omega x}\,dx$$

$$= \frac{i}{\sqrt{2\pi}} \int_{-\infty}^{\infty} (-x) e^{-x^2} \cdot e^{-i\omega x}\,dx$$

$$= \frac{i}{2\sqrt{2\pi}} \int_{-\infty}^{\infty} \left(e^{-x^2}\right)' e^{-i\omega x}\,dx \quad \left(\left(e^{-x^2}\right)' = -2xe^{-x^2} \text{より}\right)$$

（また，例3，(2.2.8)式より）

$$= \frac{i}{2} \mathscr{F}\left(\left(e^{-x^2}\right)'\right) = \frac{i}{2}(i\omega)F(\omega)$$

$$= -\frac{\omega}{2} F(\omega)$$

$\therefore \quad \dfrac{dF}{d\omega} = -\dfrac{\omega}{2} F(\omega)$

この微分方程式を解き

$$F(\omega) = C e^{-\frac{\omega^2}{4}}$$

ここで，与式を用いて

$$F(0) = C = \frac{1}{\sqrt{2\pi}} \int_{-\infty}^{\infty} e^{-x^2}\,dx = \frac{1}{\sqrt{2}}$$

$\therefore \quad F(\omega) = \dfrac{1}{\sqrt{2}} e^{-\frac{\omega^2}{4}}$

問題

[1] フーリエ変換の性質 [2], [3], [4], [5], [6] を証明せよ。

[2] $\displaystyle\int_{-\infty}^{\infty} e^{-x^2} dx = \sqrt{\pi}$ を示せ。

[3] $f(x) = e^{-a^2 x^2}$ のフーリエ変換を求めよ。

[4] 次の関数 $f(x)$ と $g(x)$ との合成積を求めよ。 $(0 < a < b)$

(1) $f(x) = \begin{cases} 1 & (|x|<a) \\ 0 & (|x|>a) \end{cases}$ $\qquad g(x) = \begin{cases} 1 & (|x|<b) \\ 0 & (|x|>b) \end{cases}$

(2) $f(x) = \begin{cases} x & (|x|<a) \\ 0 & (|x|>a) \end{cases}$ $\qquad g(x) = \begin{cases} e^{-x} & (x \geq 0) \\ 0 & (x<0) \end{cases}$

(3) $f(x) = \begin{cases} \sin x & (|x|<\pi) \\ 0 & (|x|>\pi) \end{cases}$ $\qquad g(x) = \begin{cases} 1 & (\alpha < x < \beta) \\ 0 & (x<\alpha,\ \beta<x) \end{cases}$ $\quad (\beta - \alpha > 2\pi)$

(4) $f(x) = \begin{cases} 1 & (|x|<a) \\ 0 & (|x|>a) \end{cases}$ $\qquad g(x) = \dfrac{a}{x^2 + a^2}$ $\quad (\alpha > 1)$

[5] (1) 次の関数のフーリエ変換を求めよ。

$$f(x) = \begin{cases} 1-|x| & (|x| \leq 1) \\ 0 & (|x|>1) \end{cases}$$

(2) (1) を用いて，

$$\int_0^\infty \frac{1-\cos x}{x^2} \cos ax\, dx \quad (a>0)$$

の値を求めよ。

〔6〕〔4〕で求めた合成積 $f*g$ のフーリエ変換を求めよ。

〔7〕 定理3を用いて, 次の式を証明せよ $(a,\ b>0)$。

(1) $e^{-ax^2} * e^{-bx^2} = \sqrt{\dfrac{\pi}{a+b}}\, e^{-\frac{ab}{a+b}x^2}$

(2) $\dfrac{a}{x^2+a^2} * \dfrac{b}{x^2+b^2} = \pi \dfrac{(a+b)}{x^2+(a+b)^2}$

〔8〕 次の関数のフーリエ変換を求めよ。

(1) $f(x) = \begin{cases} 0 & (x<-1) \\ x+1 & (-1<x<1) \\ 1 & (1<x<2) \\ 0 & (2<x) \end{cases}$

(2) $f(x) = \begin{cases} \sin ax & \left(|x|<\dfrac{\pi}{2}\right) \\ 0 & \left(|x|>\dfrac{\pi}{2}\right) \end{cases}$

(3) $f(x) = \dfrac{1}{(x-\alpha)^2+\beta^2}$

(4) $f(x) = \begin{cases} 1-a^2x^2 & (|x|<1) \\ 0 & (|x|>1) \end{cases}$

〔9〕 $f(x),\ f'(x),\cdots,f^{(m)}(x)$ が連続で, $f,\ f',\cdots,f^{(m)} \in L^1$ ならば
$$f^{(k)}(x) \to 0 \quad (|x| \to \infty) \qquad (k=1, 2, \cdots, m-1)$$
となることを示せ。

〔10〕〔9〕の条件のもとで, $F(\omega)=\mathcal{F}(f)$ とおくとき, 次の式を示せ。
$$|F(\omega)| \leq \frac{K}{|\omega|^m+1} \quad (Kは定数)$$

〔11〕 $f(x) \in L^1$ に対して, 任意の $L>0$ をとると
$$\frac{f(x+0)+f(x-0)}{2} = \lim_{y \to \infty} \int_{-L}^{L} f(x+t) \sin yt\, dt$$
が成り立つことを示せ。

第3章　偏微分方程式

1　偏微分方程式

2個以上の独立変数 $x, y, \cdots$ とその未知関数 $u = u(x, y, \cdots)$ および偏導関数 $u_x, u_y, \cdots, u_{xx}, u_{xy}, \cdots$ を含む方程式

$$F(x, y, \cdots, u_x, u_y, \cdots, u_{xx}, u_{xy}, \cdots) = 0 \tag{3.1.1}$$

を**偏微分方程式**といい，この式に含まれる偏導関数の最高階数を**偏微分方程式の階数**という。たとえば

$$\frac{\partial^2 u}{\partial x^2} + \frac{\partial^2 u}{\partial y^2} = 0 \quad (2 \text{階})$$

$$x\frac{\partial u}{\partial x} + \frac{\partial^3 u}{\partial x \partial y^2} - \cos y = 0 \quad (3 \text{階})$$

(3.1.1)式において，F が未知関数 u とすべての偏導関数 $u_x, u_y, \cdots, u_{xx}, \cdots$ に関して1次式であるとき**線形**であるといい，最高階の偏導関数に関して，1次式であるとき**準線形**という。準線形で最高階の偏導関数の係数が未知関数 u とその偏導関数を含まないとき**半線形**であるという。線形で係数がすべて定数であるものを**定数係数偏微分方程式**という。

$$\frac{\partial u}{\partial x} + y^2 \frac{\partial^2 u}{\partial y^2} = \sin x \quad (\text{線形}), \quad \frac{\partial u}{\partial x} \cdot \frac{\partial^2 u}{\partial y^2} + u\frac{\partial u}{\partial y} = 0 \quad (\text{準線形})$$

$$\frac{\partial^3 u}{\partial y^3} + u\frac{\partial u}{\partial x} = u^2 \quad (\text{半線形}), \quad \left(\frac{\partial u}{\partial x}\right)^2 + \left(\frac{\partial^2 u}{\partial y^2}\right)^3 - u = 0 \quad (\text{どの線形でもない})$$

また，2個以上の未知関数といくつかの方程式が同時に与えられたものを**連立偏微分方程式**という。

独立変数 $x, y, \cdots$ が領域 D を動くとし，D 上の関数 $u = u(x, y, \cdots)$ が常に (3.1.1)式を満たすとき，u は**偏微分方程式の**(D での)**解**であるという。

例1 偏微分方程式

$$\frac{\partial^2 u}{\partial x^2} + \frac{\partial^2 u}{\partial y^2} = 0$$

において，関数 $u = xy$ は xy 平面全体で解となり，関数 $v = \log\sqrt{x^2 + y^2}$ は xy 平面から原点を除いた領域で解であることを示せ．

(解答)
$$\left.\begin{array}{l} \dfrac{\partial u}{\partial x} = y, \quad \dfrac{\partial^2 u}{\partial x^2} = 0 \\[2mm] \dfrac{\partial u}{\partial y} = x, \quad \dfrac{\partial^2 u}{\partial y^2} = 0 \end{array}\right\}$$

$$\therefore \quad \frac{\partial^2 u}{\partial x^2} + \frac{\partial^2 u}{\partial y^2} = 0$$

$$\left.\begin{array}{l} \dfrac{\partial v}{\partial x} = \dfrac{x}{x^2 + y^2}, \quad \dfrac{\partial^2 v}{\partial x^2} = \dfrac{y^2 - x^2}{x^2 + y^2} \\[2mm] \dfrac{\partial v}{\partial y} = \dfrac{y}{x^2 + y^2}, \quad \dfrac{\partial^2 v}{\partial y^2} = \dfrac{x^2 - y^2}{x^2 + y^2} \end{array}\right\}$$

$$\therefore \quad \frac{\partial^2 v}{\partial x^2} + \frac{\partial^2 v}{\partial y^2} = 0$$

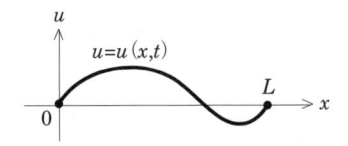

x 軸上の2点 $x = 0$, $x = L$ で固定された絃の振動を調べると，弦の位置 $u = u(x, t)$ (t は時間)は

$$\frac{\partial^2 u}{\partial t^2} = c^2 \frac{\partial^2 u}{\partial x^2}$$

$$\left(c^2 = \frac{T}{\rho},\ \rho \text{は弦の密度(一定とする)},\ T \text{は張力}\right)$$

で与えられ，両端は固定されているから，$x = 0$, $x = L$ では(時間 t に関係なく)

$$u(0, t) = 0, \quad u(L, t) = 0$$

と表される．このような条件を**境界条件**(境界を持つ領域で，u がその境界上でとる—時刻 t に関係する—値)という．また，時刻 $t = 0$ のときの x における位置

$$u(x,\,0)=\varphi_1(x),\quad \frac{\partial u}{\partial t}(x,\,0)=\varphi_2(x)$$

を**初期条件**という。

　本書において，物理現象などを偏微分方程式によって記述するとき，時間・空間の変数として，時間変数をt，空間変数を1次元(直線)のときはx，2次元(平面)のときは$x,\,y$，3次元(空間)のときは$x,\,y,\,z$で表す(時間tに関する境界条件を初期条件，空間に関する境界条件を境界条件という)。

　偏微分方程式において，ある曲面(3次元空間の場合，2次元(平面)の場合には曲線，1次元(直線)の場合には1点または2点)上で与えられた境界条件を満たす解を求める問題を**境界値問題**という(無限の過去から無限の未来に続く事項に関する問題などで初期条件が与えられないものもある)。また，与えられた初期条件を満たす解を求める問題を**初期値問題**という(全空間で考える問題などでは，境界条件は与えられず，初期条件のみ与えられるものもある)。

　関数fに他の関数Tfを対応させる規則Tを**作用素**あるいは**演算子**という。作用素$T_1,\,T_2$に対して，T_1+T_2，kT(kは実数)，$T_1\cdot T_2$を

$$(T_1+T_2)f=T_1f+T_2f$$
$$(kT)f=k(Tf)$$
$$(T_1\cdot T_2)f=T_1(T_2f)$$

と定義する。任意の関数fに対して，$Tf=f$となるTも一つの作用素と考えられ，これをIまたは1と書き，**恒等作用素**といい，実数kに対して，kIを単にkと表す。たとえば，$\partial/\partial x,\;\partial/\partial y,\cdots,(\partial/\partial x)(\partial/\partial y)=\partial^2/\partial x\partial y,\cdots$なども作用素である。また，$Tf$に$f$を対応させる作用素を$T$の**逆作用素**といい，$T^{-1}$と表す。

　作用素Tが，任意の実数$\alpha,\,\beta$と任意の関数$f,\,g$に対して

$$T(\alpha f+\beta g)=\alpha Tf+\beta Tg \qquad(3.1.2)$$

となるとき，Tは**線形**であるという。たとえば

$$T_1f=a\frac{\partial^2 f}{\partial x^2}+b\frac{\partial^2 f}{\partial x\partial y}+c\frac{\partial^2 f}{\partial y^2},\quad T_2f=\frac{\partial^3 f}{\partial x^3}+2\frac{\partial^2 f}{\partial x\partial y}+\frac{\partial f}{\partial y}$$

とおくと，この$T_1,\,T_2$は線形であり，また

$$T_3 f = \frac{\partial f}{\partial x} \cdot \frac{\partial^2 f}{\partial y^2} + \left(\frac{\partial f}{\partial x}\right)^2 f, \quad T_4 f = \left(\frac{\partial f}{\partial x} + 1\right)\left(\frac{\partial f}{\partial x} + 2\right)$$

とおくと，T_3，T_4は線形ではない。

2次元および3次元の場合，次の作用素記号がしばしば使われる。

$$\varDelta = \frac{\partial^2}{\partial x^2} + \frac{\partial^2}{\partial y^2}, \quad \varDelta = \frac{\partial^2}{\partial x^2} + \frac{\partial^2}{\partial y^2} + \frac{\partial^2}{\partial z^2}$$

これらを**ラプラス(Laplace)の作用素**あるいはラプラシアンといい，これは，もちろん線形作用素である。

2変数の場合に，線形作用素L_1，L_2を

$$\left.\begin{array}{l} L_1 = a(x,\ y)\dfrac{\partial}{\partial x} + b(x,\ y)\dfrac{\partial}{\partial y} + c(x,\ y)I \\[2mm] L_2 = a_{11}(x,\ y)\dfrac{\partial^2}{\partial x^2} + 2a_{12}(x,\ y)\dfrac{\partial^2}{\partial x \partial y} + a_{22}(x,\ y)\dfrac{\partial^2}{\partial y^2} \\[2mm] \quad + b_1(x,\ y)\dfrac{\partial}{\partial x} + b_2(x,\ y)\dfrac{\partial}{\partial y} + c(x,\ y)I \\[2mm] (a,\ b,\ c,\ a_{jk},\ b_k \text{は} x,\ y \text{の関数}) \end{array}\right\} \quad (3.1.3)$$

とおくと，1階および2階線形偏微分方程式は，それぞれ

$$L_1 u = f(x,\ y), \quad L_2 u = f(x,\ y) \tag{3.1.4}$$

と表される。ここで，$f(x,\ y) \equiv 0$であるとき方程式(3.1.4)は**斉次**であるといい，そうでないとき**非斉次**であるという。一般に，線形作用素Tに対して，方程式$Tu = 0$を斉次であるといい，$Tu = f(f \not\equiv 0)$を非斉次であるという。

線形斉次方程式およびその解に関して，次の定理が成り立つ。

定理1

（**重合せの原理**） Tを線形作用素とする。$u_1,\ u_2, \cdots, u_\ell$を，方程式

$$Tu = 0 \tag{3.1.5}$$

の解とする。いま$\alpha_1,\ \alpha_2, \cdots, \alpha_\ell$を任意の実数とすると

$$\alpha_1 u_1 + \alpha_2 u_2 + \cdots + \alpha_\ell u_\ell$$

も，また方程式(3.1.5)の解となる。

また，非斉次方程式
$$Tu = f \tag{3.1.6}$$
の解を一つの u_0 とし，斉次方程式(3.1.5)の解を u_1 とすると，$u_0 + u_1$ もまた (3.1.6)式の解となる．

問 題

〔1〕 次の偏微分方程式の線形，準線形，半線形を区別し，階数を述べよ．

(1) $(\sin x)u_{xy} + u^3 u_y = u$　　(2) $y u_{xx} + x^2 u_{yy} = x$

(3) $(u^2)_{xy} - u_y = \cos x$　　(4) $u_{xxy} + (u_x + u_y)^2 = e^y$

〔2〕 次の関数はラプラスの方程式 $\Delta u = 0$ の解であることを示せ．

(1) $u = 3x^2 y - y^3$　　(2) $u = e^x \cos y$

(3) $u = \sin x \sin hy$　　(4) $u = x^4 - 6x^2 y^2 + y^4$

〔3〕 次の関数は波動方程式 $u_{tt} = c^2 u_{xx}$ の解であることを示せ．

(1) $u = x^2 + c^2 t^2$　　(2) $u = x^3 + 3c^2 xt^2$

(3) $u = \sin c\omega t \sin \omega x$　　(4) $u = \cos c\omega t \cos \omega x$

〔4〕 次の関数は熱伝導方程式 $u_t = c^2 u_{xx}$ の解であることを示せ．

(1) $u = e^{-c^2 t} \cos x$　　(2) $u = e^{-c^2 \omega t} \sin \omega x$

〔5〕 関数
$$u = \frac{1 - (x^2 - y^2)}{1 - 2(x^2 - y^2) + (x^2 + y^2)^2}$$
は円 $\{(x, y) ; x^2 + y^2 < 1\}$ 内でラプラスの方程式 $\Delta u = 0$ の解であることを示せ．

〔6〕 関数

$$u = \frac{1}{\sqrt{y}} e^{-\frac{(x-a)^2}{y}} \quad (a は実数)$$

は上半平面 $\{(x, y); y > 0\}$ において，偏微分方程式 $4u_y = u_{xx}$ の解であることを示せ．

〔7〕 関数

$$u = \frac{1}{\sqrt{x^2 + y^2 + z^2}}$$

は xyz 空間から原点を除いた領域で，ラプラスの方程式 $\Delta u = 0$ の解であることを示せ．

〔8〕 定理1を証明せよ．

2 線形常微分方程式の復習

1階線形常微分方程式

$$\frac{dy}{dx} + P(x)y = Q(x) \tag{3.2.1}$$

の一般解は

$$y = e^{-\int P dx}\left\{\int \left(Qe^{\int P dx}\right)dx + C\right\} \quad (C\text{は任意定数}) \tag{3.2.2}$$

で与えられる。

2階の定数係数斉次線形常微分方程式

$$\frac{d^2y}{dx^2} + a\frac{dy}{dx} + by = 0 \tag{3.2.3}$$

の補助方程式 $t^2 + at + b = 0$ の2根を α, β とすると，(3.2.3)式の一般解 y は

(i) α, β：異なる2実根 $\Rightarrow y = c_1 e^{\alpha x} + c_2 e^{\beta x}$
(ii) $\alpha = \beta$：等根 $\Rightarrow y = c_1 e^{\alpha x} + c_2 x e^{\alpha x}$
(iii) α, $\beta = \gamma \pm \delta i$：虚根 $\Rightarrow y = e^{\gamma x}(c_1 \cos \delta x + c_2 \sin \delta x)$

(c_1, c_2 は任意定数)

L を2階線形常微分作用素

$$L = a_0(x)\frac{d^2}{dx^2} + a_1(x)\frac{d}{dx} + a_2(x) \quad (a_0, a_1, a_2：与えられた x の関数) \tag{3.2.4}$$

とする。常微分方程式

$$Ly = f(x) \quad (f(x) \text{は与えられた関数}) \tag{3.2.5}$$

の一般解 y は，(3.2.5)式の余関数 y_0 と特殊解 y_1 の和 $y = y_0 + y_1$ で与えられる ($Ly = 0$ の一般解を $Ly = f$ の**余関数**という)。

また，微分方程式

$$Ly = \lambda y \quad (\lambda \text{はパラメータ}) \tag{3.2.6}$$

を境界条件

$$y(x_0) = 0, \quad y(x_1) = 0 \tag{3.2.7}$$

のもとで解く問題を**固有値問題**といい，0でない解が得られるようなλを**固有値**といい，このとき解yを**固有関数**という。

また，(3.2.6)式に対する境界条件として

$$y'(x_0) = 0, \quad y'(x_1) = 0 \tag{3.2.8}$$

$$\left. \begin{array}{l} \alpha y(x_0) + \beta y'(x_0) = 0 \\ \gamma y(x_1) + \delta y'(x_1) = 0 \end{array} \right\} \quad (\alpha, \ \beta, \ \gamma, \ \delta \text{は定数}) \tag{3.2.9}$$

などがある。

例1 次の固有値問題を解け。

$$\frac{d^2 y}{dx^2} = \lambda y$$

条件：$y(0) = y(L) = 0 \quad (L > 0)$

(解答)

$$\frac{d^2 y}{dx^2} - \lambda y = \left(\frac{d^2}{dx^2} - \lambda \right) y = 0$$

この解は，

(i) $\lambda > 0$ ならば $\quad y = c_1 e^{\sqrt{\lambda} x} + c_2 e^{-\sqrt{\lambda} x}$

(ii) $\lambda = 0$ ならば $\quad y = c_1 x + c_2$

(iii) $\lambda < 0$ ならば $\quad y = c_1 \cos \sqrt{-\lambda} x + c_2 \sin \sqrt{-\lambda} x$

$\quad\quad\quad\quad$ (c_1, c_2 は任意定数)

ここで，条件より，(i)，(ii) の場合には，$c_1 = c_2 = 0$ となり，解$y \equiv 0$。したがって，解yが恒等的に0でないためには(iii)の場合となる。

また，条件より

$$y(0) = c_1 = 0$$

∴ $\quad y(L) = c_2 \sin \sqrt{-\lambda} L = 0$

∴ $\quad \sqrt{-\lambda} L = n\pi, \quad \lambda_n = \lambda = -\left(\frac{n\pi}{L} \right)^2 \quad (n = 1, 2, \cdots)$

ゆえに

$$\left.\begin{array}{l}\text{固有値}：\lambda_n = -\left(\dfrac{n\pi}{L}\right)^2 \\ \text{固有関数}：y = c_n \sin \dfrac{n\pi}{L} x\end{array}\right\} \quad (n = 1,\ 2,\cdots)$$

偏微分方程式が一つの独立変数だけの偏導関数しか含まれない(他の変数の偏導関数を含まない)ときは，他の変数は単なるパラメータとみて，一つの独立変数の微分方程式，すなわち常微分方程式として解くことができる。

例2 未知関数 u は独立変数 x, y の関数とするとき，次の偏微分方程式を解け。

(1) $\dfrac{\partial u}{\partial x} + 2xu = 4x$　　(2) $\dfrac{\partial u}{\partial y} + 2xu = 4x$　　(3) $\dfrac{\partial^2 u}{\partial y^2} - 3\dfrac{\partial u}{\partial y} + 2u = 0$

(解答) (1) $P(x) = 2x$, $Q(x) = 4x$　　(y はパラメータとみて)

$$\therefore\ u = e^{-x^2}\left\{\int \left(4xe^{x^2} dx + c(y)\right)\right\} = 2 + c(y)e^{-x^2}$$

($c(y)$ は y の任意の関数)

(2) $P(y) = 2x$, $Q(y) = 4x$　　(x はパラメータとみて)

$$\therefore\ u = e^{-2xy}\left\{\int (4x)e^{2xy} dy + c(x)\right\} = 2 + c(x)e^{-2xy}$$

($c(x)$ は x の任意の関数)

(3) 補助方程式 $t^2 - 3t + 2 = (t-2)(t-1) = 0$

したがって，解は

$$u = c_1(y)e^{2x} + c_2(y)e^x \quad (c_1,\ c_2 \text{は} y \text{の任意の関数})$$

線形微分方程式

$$y'' + P(x)y' + Q(x)y = 0 \tag{3.2.10}$$

において，$P(x)$, $Q(x)$ が $x = a$ で解析的($x = a$ の近傍で $(x-a)$ の収束巾級数で表されるとき，**解析的である**という)であるとき，$x = a$ を微分方程式(3.2.10)の

通常点といい，そうでないとき，$x=a$ を**特異点**という。$x=a$ が(3.2.10)式の特異点とする。$(x-a)P(x)$, $(x-a)^2Q(x)$ が解析的であるとき，$x=a$ を**確定特異点**といい，そうでないとき**不確定特異点**という。

例3 微分方程式
$$(x-a)^2 y'' + (x-a)p(x)y' + q(x)y = 0 \tag{3.2.11}$$
を解け。ただし，$p(x)$, $q(x)$ は $x=a$ で解析的であるとする。

(解答)
$$p(x) = \sum_{n=0}^{\infty} \alpha_n (x-a)^n, \quad q(x) = \sum_{n=0}^{\infty} \beta_n (x-a)^n$$

とし，解を
$$y = \sum_{n=0}^{\infty} c_n (x-a)^{\lambda+n} \tag{3.2.12}$$

とおき，これらを(3.2.11)式に代入すると

$$(x-a)^2 \sum c_n (\lambda+n)(\lambda+n-1)(x-a)^{\lambda+n-2}$$
$$+ (x-a)\left(\sum_{n=0}^{\infty} \alpha_n (x-a)^n\right)\left(\sum_{n=0}^{\infty} c_n (\lambda+n)(x-a)^{\lambda+n-1}\right)$$
$$+ \left(\sum_{n=0}^{\infty} \beta_n (x-a)^n\right)\left(\sum_{n=0}^{\infty} c_n (x-a)^{\lambda+n}\right) = 0$$

これを整理し，$(x-a)^{\lambda+n}$ ($n=0, 1, 2, \cdots$) の係数を0とおくと

(i) $(x-a)^\lambda$ の係数 ($n=0$ のとき)：$\lambda(\lambda-1) + \alpha_0 \lambda + \beta_0 = 0$

(ii) $(x-a)^{\lambda+n}$ の係数：$\{(\lambda+n)(\lambda+n-1) + \alpha_0(\lambda+n) + \beta_0\} c_n + \cdots = 0$

(i) は λ の2次方程式であるから，2根 λ_1, λ_2 が定まる。(i)の方程式を**決定方程式**という。

ここで
$$A(\lambda+n) = (\lambda+n)(\lambda+n-1) + \alpha_0(\lambda+n) + \beta_0 = 0$$
のときは，$\lambda+n$ が決定方程式の根であることを示しており，このとき c_n は定まらない。

しかし，λ_1, λ_2 が実数で $\lambda_1 \geq \lambda_2$ とすると，λ_1, λ_2 は(i)の方程式の根

であるから，$A(\lambda_1+n) \neq 0$，これより c_n が定まる。

また，$\lambda_1-\lambda_2$ が整数でないときは，$A(\lambda_1+n) \neq 0$, $A(\lambda_2+n) \neq 0$ より，それぞれ c_n, $\tilde{c}_n$ が定まり，これらを(3.2.12)式に代入して二つの独立な解が得られる。

$\lambda_1-\lambda_2$ が整数のときは $A(\lambda_1+n) \neq 0$ より c_n が定まり，一つの特殊解 y_0 が求められ，これより求積法によって一般解が求められる。

例4 （ベッセルの微分方程式）

微分方程式
$$x^2 y'' + xy' + (x^2-k^2)y = 0 \tag{3.2.13}$$
の $x=0$ の近傍における解を求めよ（pp. 52〜53）。

(解答) $x=0$ は確定特異点で，決定方程式は

$\lambda^2 - k^2 = 0 \quad \therefore \quad \lambda = \pm k \quad (k \geq 0)$

(i) k が整数の場合

$$y_1(x) = x^k \sum_{n=0}^{\infty} c_n x^n$$

が存在し，例3によって

$(2k+1)c_1 = 0, \quad n(2k+n)a_n + a_{n-2} = 0$

$\therefore \quad a_1 = a_3 = a_5 = \cdots = 0$

また，$a_0 = 1$ とすると

$$y_1(x) = x^k \left\{ 1 + \sum_{m=1}^{\infty} \frac{(-1)^m x^{2m}}{4^m m!(k+1)(k+2)\cdots(k+m)} \right\}$$

（この級数は $|x| < \infty$ で収束する）。この右辺の式に $1/2^k \Gamma(k+1)$ をかけたものを $J_k(x)$ と表す（これは p. 52, (1.6.22)式）。すなわち

$$J_k(x) = \frac{x^k}{2^k \Gamma(k+1)} \left\{ 1 + \sum_{m=1}^{\infty} \frac{(-1)^m x^{2m}}{4^m m!(k+1)\cdots(k+m)} \right\}$$

$$= \sum_{m=0}^{\infty} \frac{(-1)^m}{\Gamma(m+1)\Gamma(m+k+1)} \left(\frac{x}{2}\right)^{2m+k} \tag{3.2.14}$$

他の解 y_2 は $y_2 = vy_1$ とおき，(3.2.13)式に代入し，y_1 が解であることに注意すると

$$x^2 y_2'' + x y_2' + (x^2 - k^2) y_2$$
$$= v\{xy_1'' + xy_1' + (x^2 - k^2)y_1\} + \{(x^2 y_1)v'' + (xy_1')v'\}$$
$$= (x^2 y_1)v'' + (xy_1' + 2x^2 y_1')v' = 0$$

これは v' の1階微分方程式として解ける。これより解 y_2 が得られる。

(ii) **k が整数でない場合**

同様にして，解 $J_k(x)$（これは(3.2.14)式と同じ），J_{-k} が得られる。

$$J_{-k}(x) = \sum_{m=1}^{\infty} \frac{(-1)^m}{\Gamma(m+1)\Gamma(m-k+1)} \left(\frac{x}{2}\right)^{2m-k}$$

ここで，J_k, J_{-k} は1次独立な解である。

例5 $x^2 y'' + xy' + x^2 y = 0$ を解け。

(解答) 例4において，$k = 0$ とすると，一つの解は

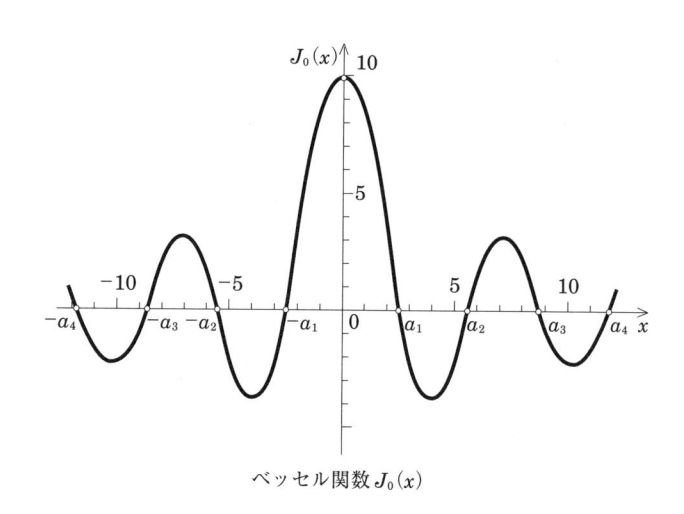

ベッセル関数 $J_0(x)$

$$J_0(x) = \sum_{m=0}^{\infty} \frac{(-1)^m}{(m!)^2}\left(\frac{x}{2}\right)^{2m}$$

他の解は $y = vJ_0$ とおき,例 4 における v を求めると

$v = \log x + \cdots$

∴ $y = J_0(x)\log x + \cdots$

$J_0(x)$ の零点 a_1, a_2, $\cdots$ は次のような値になる。

$a_1 = 2.40\cdots$, $a_2 = 5.52\cdots$, $a_3 = 8.65\cdots$, $a_4 = 11.79\cdots$, $\cdots$

問題

〔1〕 次の固有値問題を解け（ただし，$L > 0$）。

(1) $\begin{cases} \text{(a)} & y'' = -\lambda y \\ \text{(b)} & y(0) = y(L) = 0 \end{cases}$ (2) $\begin{cases} \text{(a)} & y'' - 2y = \lambda y \\ \text{(b)} & y(0) = y'(L) = 0 \end{cases}$

(3) $\begin{cases} \text{(a)} & y'' - 3y = \lambda y \\ \text{(b)} & y'(0) = y'(L) = 0 \end{cases}$ (4) $\begin{cases} \text{(a)} & y'' = \lambda y \\ \text{(b)} & y'(0) = y(L) = 0 \end{cases}$

(5) $\begin{cases} \text{(a)} & y'' = \lambda y \\ \text{(b)} & y(0) + y'(0) = y(L) = 0 \end{cases}$

〔2〕 次の常微分方程式を解け。

(1) $ydx - (x + 2xy^2)dy = 0$ (2) $yy' + xy^2 = x$

(3) $xyy' = x^2 + y^2$ (4) $(x+1)y' = (x+1)^4 - 2y$

(5) $y' + y = xy^3$ (6) $ydx + 2xdy = 0$

(7) $y'' + 5y' + 6y = 0$ (8) $y'' - 6y' + 9y = 0$

〔3〕 次の偏微分方程式を解け。

(1) $yu_y + u + 3y = 0$ (2) $u_{xx} - u_x - 2u = \sin y$

(3) $uu_x + y = 0$ (4) $u_{yy} + a^2 u = 0$

(5) $xu_x + u = x^3 u^3$

③ 変数分離法

境界条件の一部または全部の与えられた偏微分方程式の解を求める方法に変数分離法がある。たとえば，2変数の偏微分方程式の解 $u(x, y)$ が

$$u(x, y) = X(x)Y(y) \tag{3.3.1}$$

の形であると仮定して，x のみの関数 $X(x)$ の方程式と y のみの関数 $Y(y)$ の方程式に分け，それぞれを解き，(3.3.1)式に代入して，元の偏微分方程式の解を求める方法である。これを次の例によって説明する。以下，未知関数 u は二つの独立変数 x, y の関数とする。

例1 次の偏微分方程式を解け。

(1) $\dfrac{\partial u}{\partial x} - \dfrac{\partial u}{\partial y} = 0$ (2) $x\dfrac{\partial^2 u}{\partial x \partial y} - 2y^2 u = 0$

(3) $\dfrac{\partial u}{\partial x} + \dfrac{\partial u}{\partial y} - 2(x+y)u = 0$

(解答) $u = X(x)Y(y)$ とおくと

$$\frac{\partial u}{\partial x} = X'(x)Y(y), \quad \frac{\partial u}{\partial y} = X(x)Y'(y), \quad \frac{\partial^2 u}{\partial x \partial y} = X'(x)Y'(y) \tag{3.3.2}$$

（ ' は x のみ，あるいは y のみの関数とみて微分したもの）

(1) (3.3.2)式を与式に代入すると

$$X'(x)Y(y) = X(x)Y'(y)$$

$$\therefore \quad \frac{X'}{X} = \frac{Y'}{Y} \quad (= \alpha(\text{定数}) \text{とおく})$$

この左辺は x のみの式であり，右辺は y のみの式であるから，ある定数になる。

(i) $X' = \alpha X$ $\therefore$ $\dfrac{dX}{X} = \alpha dx$ $\therefore$ $X = A'e^{\alpha x}$

(ii) $Y' = \alpha Y$ $\therefore$ $Y = A''e^{\alpha y}$

$\therefore$ $u = XY = Ae^{\alpha(x+y)}$ ($A = A'A''$，α は任意の定数)

(2) (3.3.2)式を与式に代入すると

$$xX'(x)Y'(y) = 2y^2 X(x)Y(y)$$

∴ $\dfrac{xX'}{X} = \dfrac{2y^2 Y}{Y'}$ （$=\alpha$ とおく）

(i) $xX' = \alpha X$ ∴ $X = A'x^{\alpha}$

(ii) $2y^2 Y = \alpha Y'$ ∴ $Y = A''e^{\frac{2y^3}{3\alpha}}$

∴ $u = XY = Ax^{\alpha} e^{\frac{2y^3}{3\alpha}}$ （$A = A'A''$, $\alpha \neq 0$ は任意の定数）

(3) (3.3.2)式を与式に代入すると

$$X'Y + XY' - 2(x+y)XY = (X' - 2xX)Y + (Y' - 2yY)X = 0$$

∴ $\dfrac{X' - 2xX}{X} = -\dfrac{Y' - 2yY}{Y}$ （$=\alpha$ とおくと）

∴ (i) $X' - 2xX = \alpha X$ ∴ $X' - (2x + \alpha)X = 0$, $X = A'e^{x^2 + \alpha x}$

(ii) $Y' - 2yY = -\alpha Y$ ∴ $Y = A''e^{y^2 - \alpha y}$

∴ $u = XY = Ae^{2(x+y)}$ （$A = A'A''$ は任意の定数）

例2 次の偏微分方程式を解け。

(1) $\dfrac{\partial u}{\partial y} = c^2 \dfrac{\partial^2 u}{\partial x^2}$ (2) $\dfrac{\partial^2 u}{\partial x^2} = c^2 \dfrac{\partial^2 u}{\partial y^2}$ (3) $\Delta u = 0$

(解答) $u(x, y) = X(x)Y(y)$ とおくと

(1) $\dfrac{\partial u}{\partial y} = X(x)Y'(y)$, $\dfrac{\partial^2 u}{\partial x^2} = X''(x)Y(y)$

$X(x)Y'(y) = c^2 X''(x)Y(y)$

∴ $\dfrac{Y'}{c^2 Y} = \dfrac{X''}{X}$ （$=\alpha$ とおくと）

$X'' - \alpha X = 0$, $Y' - \alpha c^2 Y = 0$

したがって

（i）　$\alpha > 0$ のとき

$X = c_1 e^{\sqrt{\alpha}x} + c_2 e^{-\sqrt{\alpha}x}, \quad Y = de^{\alpha c^2 y}$

$u = XY = e^{\alpha c^2 y}\left(c_1 e^{\sqrt{\alpha}x} + c_2 e^{-\sqrt{\alpha}x}\right) \quad (c_1, c_2 は任意の定数)$

（ii）　$\alpha < 0$ のとき

$X = c_1 \cos\sqrt{-\alpha}x + c_2 \sin\sqrt{-\alpha}x, \quad Y = de^{\alpha c^2 y}$

$u = XY = e^{\alpha c^2 y}\left(c_1 \cos\sqrt{-\alpha}x + c_2 \sin\sqrt{-\alpha}x\right)$

（iii）　$\alpha = 0$ のとき

$X = c_1 x + c_2, \quad Y = d$

$u = XY = c_1 x + c_2$

（2）　$\dfrac{\partial^2 u}{\partial x^2} = X''(x)Y(y), \quad \dfrac{\partial^2 u}{\partial y^2} = X(x)Y''(y)$

$\therefore \quad X''(x)Y(y) = c^2 X(x)Y''(y)$

$\therefore \quad \dfrac{X''(x)}{c^2 X(x)} = \dfrac{Y''(y)}{Y(y)} \quad (=\alpha \ とおく)$

$X'' - \alpha c^2 X = 0, \quad Y'' - \alpha Y = 0$

（i）　$\alpha > 0$ のとき

$X = c_1 e^{\sqrt{\alpha}cx} + c_2 e^{-\sqrt{\alpha}cx}, \quad Y = d_1 e^{\sqrt{\alpha}y} + d_2 e^{-\sqrt{\alpha}y}$

$u = XY = \left(c_1 e^{\sqrt{\alpha}cx} + c_2 e^{-\sqrt{\alpha}cx}\right)\left(d_1 e^{\sqrt{\alpha}y} + d_2 e^{-\sqrt{\alpha}y}\right)$

（ii）　$\alpha < 0$ のとき

$X = c_1 \cos\sqrt{-\alpha}cx + c_2 \sin\sqrt{-\alpha}cx, \quad Y = d_1 \cos\sqrt{-\alpha}y + d_2 \sin\sqrt{-\alpha}y$

$u = XY = \left(c_1 \cos\sqrt{-\alpha}cx + c_2 \sin\sqrt{-\alpha}cx\right)\left(d_1 \cos\sqrt{-\alpha}y + d_2 \sin\sqrt{-\alpha}y\right)$

（iii）　$\alpha = 0$ のとき

$X = c_1 x + c_2, \quad Y = d_1 y + d_2$

$u = XY = (c_1 x + c_2)(d_1 y + d_2)$

(3) $\Delta u = \dfrac{\partial^2 u}{\partial x^2} + \dfrac{\partial^2 u}{\partial y^2} = 0, \quad X''(x)Y(y) + X(x)Y''(y) = 0$

$\therefore \quad \dfrac{X''}{X} = -\dfrac{Y''}{Y} = \alpha$

とおくと

$X'' - \alpha X = 0, \quad Y'' + \alpha Y = 0$

(i) $\alpha > 0$ のとき

$X = c_1 e^{\sqrt{\alpha}x} + c_2 e^{-\sqrt{\alpha}x}, \quad Y = d_1 \cos\sqrt{\alpha}\,y + d_2 \sin\sqrt{\alpha}\,y$

$u = XY = \left(c_1 e^{\sqrt{\alpha}x} + c_2 e^{-\sqrt{\alpha}x}\right)\left(d_1 \cos\sqrt{\alpha}\,y + d_2 \sin\sqrt{\alpha}\,y\right)$

(ii) $\alpha < 0$ のとき

$X = c_1 \cos\sqrt{-\alpha}\,x + c_2 \sin\sqrt{-\alpha}\,x, \quad Y = d_1 e^{\sqrt{-\alpha}\,y} + d_2 e^{-\sqrt{-\alpha}\,y}$

$u = XY = \left(c_1 \cos\sqrt{-\alpha}\,x + c_2 \sin\sqrt{-\alpha}\,x\right)\left(d_1 e^{\sqrt{-\alpha}\,y} + d_2 e^{-\sqrt{-\alpha}\,y}\right)$

(iii) $\alpha = 0$ のとき

$X = c_1 x + c_2, \quad Y = d_1 y + d_2$

$u = XY = (c_1 x + c_2)(d_1 y + d_2)$

例3 未知関数 u が 3 変数 x, y, z の関数のとき，次の偏微分方程式を解け。

$$\dfrac{\partial^2 u}{\partial z^2} = c^2 \left(\dfrac{\partial^2 u}{\partial x^2} + \dfrac{\partial^2 u}{\partial y^2}\right)$$

（解答） $u(x, y, z) = F(x, y) G(z)$

とおくと

$\dfrac{\partial^2 u}{\partial z^2} = F(x, y)\dfrac{d^2 G}{dz^2}, \quad \dfrac{\partial^2 u}{\partial x^2} = G(z)\dfrac{\partial^2 F}{\partial x^2}, \quad \dfrac{\partial^2 u}{\partial y^2} = G(z)\dfrac{\partial^2 F}{\partial y^2}$

ゆえに，与式は次のようになる。

$F(x, y)\dfrac{d^2 G}{dz^2} = c^2 G(z)\left(\dfrac{\partial^2 F}{\partial x^2} + \dfrac{\partial^2 F}{\partial y^2}\right)$

$$\therefore \quad \frac{\dfrac{d^2 G}{dz^2}}{c^2 G} = \frac{\dfrac{\partial^2 F}{\partial x^2} + \dfrac{\partial^2 F}{\partial y^2}}{F} = \alpha$$

とおくと

$$\frac{d^2 G}{dz^2} = \alpha c^2 G \tag{3.3.3}$$

$$\frac{\partial^2 F}{\partial x^2} + \frac{\partial^2 F}{\partial y^2} = \alpha F \tag{3.3.4}$$

(3.3.3)式より

(ⅰ) $\alpha > 0$ のとき, $G = c_1 e^{\sqrt{\alpha} cz} + c_2 e^{-\sqrt{\alpha} cz}$

(ⅱ) $\alpha < 0$ のとき, $G = c_1 \cos\sqrt{-\alpha}\, cz + c_2 \sin\sqrt{-\alpha}\, cz$

(ⅲ) $\alpha = 0$ のとき, $G = c_1 z + c_2$

$$F(x, y) = X(x) Y(y)$$

とおき,(3.3.4)式より

$$Y \frac{d^2 X}{dx^2} + X \frac{d^2 X}{dy^2} - \alpha XY = Y\left(\frac{d^2 X}{dx^2} - \alpha X \right) + X \frac{d^2 Y}{dy^2} = 0$$

$$\therefore \quad \frac{\dfrac{d^2 X}{dx^2} - \alpha X}{X} = \frac{\dfrac{d^2 Y}{dy^2}}{Y} = \beta$$

とおくと

$$\frac{d^2 Y}{dy^2} - \beta Y = 0 \tag{3.3.5}$$

$$\frac{d^2 X}{dx^2} - (\alpha + \beta) X = 0 \tag{3.3.6}$$

(3.3.5)式より

(ⅳ) $\beta > 0$ のとき, $Y = c_3 e^{\sqrt{\beta} y} + c_4 e^{-\sqrt{\beta} y}$

(ⅴ) $\beta < 0$ のとき, $Y = c_3 \cos\sqrt{-\beta}\, y + c_4 \sin\sqrt{-\beta}\, y$

(ⅵ) $\beta = 0$ のとき, $Y = c_3 y + c_4$

(3.3.6)式より

(vii) $\alpha+\beta>0$ のとき， $X = c_5 e^{\sqrt{\alpha+\beta}x} + c_6 e^{-\sqrt{\alpha+\beta}x}$

(viii) $\alpha+\beta<0$ のとき， $X = c_5 \cos\sqrt{-(\alpha+\beta)}x + c_6 \sin\sqrt{-(\alpha+\beta)}x$

(ix) $\alpha+\beta=0$ のとき， $X = c_5 x + c_6$

これらより，(i), (ii), (iii)と(iv), (v), (vi)と(vii), (viii), (ix)のそれぞれの場合分けに従って，$G(z)$, $Y(y)$, $X(x)$ をとり，これらを $u = X(x)Y(y) \times G(z)$ に代入し，解が得られる。

このように，3変数の場合には2段階の変数分離によって，解が得られる。一般に，変数が増えると，何段階かの変数分離が必要となり，組合せの場合の数も増加する。

問 題

(問題〔1〕〜〔3〕において，未知関数 u は x, y の関数とする)

〔1〕次の偏微分方程式を解け。

(1) $u_{xy} = 0$ (2) $u_{xy} + u_y = 0$

(3) $u_{xy} - u_x = 0$ (4) $u_{xy} - u_y - x = 0$

(5) $u_{xy} + u_x - y = 0$ (6) $u_{xy} + u_x + ax + by = 0$

〔2〕次の連立微分方程式を解け。

(1) $u_x = 0$, $u_y = 0$ (2) $u_x + u_y = 0$, $u_x - u_y = 0$

(3) $u_{xx} = 0$, $u_x - u_y = 0$ (4) $u_{yy} = 0$, $u_x + u_y = 0$

(5) $u_{xx} = 0$, $u_{yy} = 0$ (6) $u_{xx} + u_{xy} = 0$, $u_{yy} = 0$

(7) $u_y = x + y$, $u_x = y$ (8) $u_{xy} = 4xy$, $u_x = 2xy^2 + 1$

〔3〕次の偏微分方程式を変数分離法によって解け(ただし，a, $b \neq 0$)。

(1) $u_x + u_y = 0$ (2) $xu_y - u_x = 0$

(3) $u_x + yu_y = 0$ (4) $yu_x - xu_y = 0$

(5) $xu_x - yu_y = 0$ (6) $y^2 u_x + x^2 u_y = 0$

(7) $u_{xx} + u_{yy} = 0$ (8) $a^2 u_{xx} - b^2 u_{yy} = 0$

(9) $u_x + au_y = (x + by)u$ (10) $u_{xy} = au$

〔4〕次の偏微分方程式を変数分離法によって解け。ただし，未知関数 u は x, y, z の関数とする。

(1) $u_z = u_{xx} + u_{yy}$ (2) $u_{zz} = u_{xx} - u_{yy}$

(3) $u_z = u_{xx} - u_y$ (4) $u_{zz} = \alpha u_x + \beta u_y$ $(\alpha, \beta > 0)$

(5) $\alpha u_z = \beta(u_x + u_y)$ $(\alpha, \beta \neq 0)$ (6) $\alpha u_{zz} = \beta u_{xx} + u_{yy}$ $(\alpha, \beta \neq 0)$

4 2階定数係数線形偏微分方程式

2階線形偏微分方程式は物理学，工学の分野において，しばしば重要な役割を演ずる．たとえば

$$\frac{\partial u}{\partial t} = c^2 \frac{\partial^2 u}{\partial x^2}, \quad \frac{\partial u}{\partial t} = c^2 \Delta u \quad （1次元および2次元熱伝導方程式）$$

$$\frac{\partial^2 u}{\partial t^2} = c^2 \frac{\partial^2 u}{\partial x^2}, \quad \frac{\partial^2 u}{\partial t^2} = c^2 \Delta u \quad （1次元および2次元波動方程式）$$

$$\Delta u = f(x, y) \quad （2次元ポアソン方程式）$$

$$\Delta u = \frac{\partial^2 u}{\partial x^2} + \frac{\partial^2 u}{\partial y^2} + \frac{\partial^2 u}{\partial z^2} = 0 \quad （3次元ラプラスの方程式）$$

一般に，m個の独立変数$x_1, x_2, \cdots, x_m$に関する線形作用素Lを

$$L = \sum_{j,k=1}^{m} a_{jk} \frac{\partial^2}{\partial x_j \partial x_k} + \sum_{j=1}^{m} b_j \frac{\partial}{\partial x_j} + C \quad (a_{jk}, b_j, C は定数) \tag{3.4.1}$$

とおくと，m変数の2階定数係数線形偏微分方程式は

$$Lu = f(x_1, \cdots, x_m) \quad (fは既知関数) \tag{3.4.2}$$

と表される．ここで(3.4.2)式の2階の部分

$$\sum a_{jk} \frac{\partial^2 u}{\partial x_j \partial x_k}$$

をその**主部**という．主部の係数a_{jk}のつくる行列をAとする．すなわち

$$A = \begin{pmatrix} a_{11} & a_{12} & \cdots & a_{1m} \\ a_{21} & a_{22} & \cdots & a_{2m} \\ \vdots & \vdots & & \vdots \\ a_{m1} & a_{m2} & \cdots & a_{mm} \end{pmatrix} \quad (a_{jk} = a_{kj}) \tag{3.4.3}$$

このAの固有値を$\lambda_1, \cdots, \lambda_m$とする（実対称行列$A$の固有値は実数である）．
本節では，$m = 2, 3$の場合を考える．

$m = 2$の場合

固有値λ_1, λ_2に関して，偏微分方程式(3.4.2)は，次のように楕円形，双曲形，

放物形に分類される。

(i) $\lambda_1\lambda_2 > 0$ ……………………………… **楕円形**
(ii) $\lambda_1\lambda_2 < 0$ ……………………………… **双曲形**
(iii) $\lambda_1 \neq 0,\ \lambda_2 = 0$ または $\lambda_1 = 0,\ \lambda_2 \neq 0$ … **放物形**

いま，2次方程式

$$a_{11}s^2 + 2a_{12}s + a_{22} = 0 \quad (\text{または } a_{22}s^2 + 2a_{12}s + a_{11} = 0) \tag{3.4.4}$$

を考え，この判別式を $D = a_{12}{}^2 - a_{11}a_{22}$ とし，2根を $\alpha,\ \beta$ とすると次の関係が成り立つ。

$$\left.\begin{array}{l}(3.4.2)\text{式が楕円形} \Leftrightarrow D < 0\,;\ \alpha,\ \beta \text{は共役複素数} \\ (3.4.2)\text{式が双曲形} \Leftrightarrow D > 0\,;\ \alpha,\ \beta \text{は異なる実数} \\ (3.4.2)\text{式が放物形} \Leftrightarrow D = 0\,;\ \alpha = \beta \end{array}\right\} \tag{3.4.5}$$

これらに関して，次の定理が成り立つ。

定理2

偏微分方程式(3.4.2)は1次変換により，次の形に変形できる。

(i) 楕円形　　$\Delta u = b_1 \dfrac{\partial u}{\partial x} + b_2 \dfrac{\partial u}{\partial y} + g(x,\ y)$

(ii) 双曲形　　$\dfrac{\partial^2 u}{\partial x \partial y} = b_1 \dfrac{\partial u}{\partial x} + b_2 \dfrac{\partial u}{\partial y} + g(x,\ y)$

(iii) 放物形　　$\dfrac{\partial^2 u}{\partial x^2} = b_1 \dfrac{\partial u}{\partial x} + b_2 \dfrac{\partial u}{\partial y} + g(x,\ y)$

これらの形をそれぞれ**標準形**という。

(証明) (i) (3.4.5)式より $D < 0$ であり，1次変換

$$\left.\begin{array}{l}\xi = \dfrac{a_{22}x - a_{12}y}{\sqrt{-D}},\quad \eta = y \\ x = \dfrac{1}{a_{22}}\left(\sqrt{-D}\,\xi + a_{12}\eta\right) \quad y = \eta\end{array}\right\} \tag{3.4.6}$$

とおくと

$$\frac{\partial}{\partial x} = \frac{\partial}{\partial \xi} \cdot \frac{\partial \xi}{\partial x} + \frac{\partial}{\partial \eta} \cdot \frac{\partial \eta}{\partial x} = \frac{a_{22}}{\sqrt{-D}} \cdot \frac{\partial}{\partial \xi}$$

$$\frac{\partial}{\partial y} = \frac{\partial}{\partial \xi} \cdot \frac{\partial \xi}{\partial y} + \frac{\partial}{\partial \eta} \cdot \frac{\partial \eta}{\partial y} = -\frac{a_{12}}{\sqrt{-D}} \cdot \frac{\partial}{\partial \xi} + \frac{\partial}{\partial \eta}$$

$$\frac{\partial^2}{\partial x^2} = \frac{a_{22}^2}{-D} \cdot \frac{\partial^2}{\partial \xi^2}, \quad \frac{\partial^2}{\partial x \partial y} = \frac{a_{12} a_{22}}{D} \cdot \frac{\partial^2}{\partial \xi^2} + \frac{a_{22}}{\sqrt{-D}} \cdot \frac{\partial^2}{\partial \xi \partial \eta}$$

$$\frac{\partial^2}{\partial y^2} = \frac{a_{22}^2}{-D} \cdot \frac{\partial^2}{\partial \xi^2} - 2\frac{a_{12}}{\sqrt{-D}} \cdot \frac{\partial^2}{\partial \xi \partial \eta} + \frac{\partial^2}{\partial \eta^2}$$

また

$$u(x, y) = u\left\{\frac{1}{a_{22}}\left(\sqrt{-D}\xi + a_{12}\eta\right), \eta\right\} \quad (= v(\xi, \eta) とおくと)$$

したがって, (3.4.2)式の主部は

$$a_{11}\frac{\partial^2 u}{\partial x^2} + 2a_{12}\frac{\partial^2 u}{\partial x \partial y} + a_{22}\frac{\partial^2 u}{\partial y^2}$$

$$= -\frac{a_{11} a_{22}^2}{D} \cdot \frac{\partial^2 v}{\partial \xi^2} + 2a_{12}\left(\frac{a_{12} a_{22}}{D} \cdot \frac{\partial^2 v}{\partial \xi^2} + \frac{a_{22}}{\sqrt{-D}} \cdot \frac{\partial^2 v}{\partial \xi \partial \eta}\right)$$

$$+ a_{22}\left(-\frac{a_{12}^2}{D} \cdot \frac{\partial^2 v}{\partial \xi^2} - 2\frac{a_{12}}{\sqrt{-D}} \cdot \frac{\partial^2 v}{\partial \xi \partial \eta} + \frac{\partial^2 v}{\partial \eta^2}\right)$$

$$= a_{22}\left(\frac{\partial^2 v}{\partial \xi^2} + \frac{\partial^2 v}{\partial \eta^2}\right)$$

$$\therefore \quad Lu = a_{22}\left(\frac{\partial^2 v}{\partial \xi^2} + \frac{\partial^2 v}{\partial \eta^2}\right) + \left(\frac{b_1 a_{22} - b_2 a_{12}}{\sqrt{-D}}\right)\frac{\partial v}{\partial \xi} + b_2 \frac{\partial v}{\partial \eta}$$

$$= a_{22} g(\xi, \eta)$$

ここで, 両辺を a_{22} で割り, あらためて

$$\xi \to x, \quad \eta \to y, \quad \frac{b_1 a_{22} - b_2 a_{12}}{a_{22}\sqrt{-D}} \to b_1, \quad \frac{b_1}{a_{22}} \to b_2$$

$$\frac{1}{a_{22}} f(x, y) = \frac{1}{a_{22}} f\left\{\frac{1}{a_{22}}\left(\sqrt{-D}\xi + a_{12}\eta\right), \eta\right\} = g(\xi, \eta)$$

とおけば, (i)の形の式を得る。

(ii) (3.4.5)式により $D > 0$ で, (3.4.6)式の根 α, β は実数であり, 1次変換を

$$\left.\begin{array}{l}\xi = \alpha x + y, \quad \eta = \beta x + y \\ x = \dfrac{\xi - \eta}{\alpha - \beta}, \quad y = \dfrac{\alpha \eta - \beta \xi}{\alpha - \beta}\end{array}\right\} \tag{3.4.7}$$

とおけば，(i)と同様にして，(ii)が得られる．

(iii) (3.4.5)式により $\alpha = \beta = 0$ のときは，$a_{11} \neq 0$, $a_{12} = 0$, $a_{22} = 0$ であるから，明らかである．したがって，$\alpha = \beta \neq 0$ とする．このとき，1次変数を

$$\left.\begin{array}{l}\xi = x, \quad \eta = \alpha x + y \\ x = \xi, \quad y = \eta - \alpha \xi\end{array}\right\} \tag{3.4.8}$$

とおけば，(i)と同様にして，(iii)が得られる．

例1 次の偏微分方程式を標準形に直せ．

(1) $\dfrac{\partial^2 u}{\partial x^2} - \dfrac{\partial^2 u}{\partial y^2} = 0$ (2) $\dfrac{\partial^2 u}{\partial x^2} + 2\dfrac{\partial^2 u}{\partial x \partial y} + \dfrac{\partial^2 u}{\partial y^2} = 0$

(解答) (1) 2次方程式 $s^2 - 1 = 0$ は2実根 ± 1 を持つので，与式は双曲形であるから

$$\xi = x + y, \quad \eta = -x + y \quad ; \quad x = \dfrac{1}{2}(\xi - \eta), \quad y = \dfrac{1}{2}(\xi + \eta)$$

$$u(x, y) = u\left\{\dfrac{1}{2}(\xi - \eta), \dfrac{1}{2}(\xi + \eta)\right\} = v(\xi, \eta)$$

とおくと

$$\dfrac{\partial}{\partial x} = \dfrac{\partial}{\partial \xi} - \dfrac{\partial}{\partial \eta}, \quad \dfrac{\partial}{\partial y} = \dfrac{\partial}{\partial \xi} + \dfrac{\partial}{\partial \eta}$$

したがって

$$\dfrac{\partial^2 u}{\partial x^2} - \dfrac{\partial^2 u}{\partial y^2} = -4\dfrac{\partial^2 v}{\partial \xi \partial \eta} = 0 \quad \therefore \quad \dfrac{\partial^2 v}{\partial \xi \partial \eta} = 0$$

(2) 2次方程式 $s^2 + 2s + 1 = 0$ は等根 -1 を持つ．したがって，与式は放物形であり

$$\xi = x, \quad \eta = -x + y \quad ; \quad x = \xi, \quad y = \eta + \xi$$

とおくと

$$u(x, y) = u(\xi, \eta + \xi) = v(\xi, \eta)$$

とおく。また

$$\frac{\partial}{\partial x} = \frac{\partial}{\partial \xi} - \frac{\partial}{\partial \eta}, \quad \frac{\partial}{\partial y} = \frac{\partial}{\partial \eta}$$

$$\therefore \quad \frac{\partial^2 u}{\partial x^2} + 2\frac{\partial^2 u}{\partial x \partial y} + \frac{\partial^2 u}{\partial y^2} = \frac{\partial^2 v}{\partial \xi^2} = 0$$

例2 次の偏微分方程式を解け。

(1) $\dfrac{\partial^2 u}{\partial x^2} + \dfrac{\partial^2 u}{\partial x \partial y} - 2\dfrac{\partial^2 u}{\partial y^2} = 0$ (2) $\dfrac{\partial^2 u}{\partial x^2} - 2\dfrac{\partial^2 u}{\partial x \partial y} + \dfrac{\partial^2 u}{\partial y^2} = 0$

(解答) (1) 2次方程式 $s^2 + s - 2 = 0$ の2根は $1, -2$ となり，与式は双曲形であり，$\xi = x + y, \eta = -2x + y$ とおくと

$$x = \frac{1}{3}(\xi - \eta), \quad y = \frac{1}{3}(\eta + 2\xi)$$

$$\frac{\partial}{\partial x} = \frac{\partial}{\partial \xi} - 2\frac{\partial}{\partial \eta}, \quad \frac{\partial}{\partial y} = \frac{\partial}{\partial \xi} + \frac{\partial}{\partial \eta}$$

いま

$$u(x, y) = u\left\{\frac{1}{3}(\xi - \eta), \frac{1}{3}(\eta + 2\xi)\right\} = v(\xi, \eta)$$

とおくと

$$\left(\frac{\partial^2}{\partial x^2} + \frac{\partial^2}{\partial x \partial y} - 2\frac{\partial^2}{\partial y^2}\right)u = -9\frac{\partial^2 v}{\partial \xi \partial \eta} = 0 \quad \therefore \quad \frac{\partial^2 v}{\partial \xi \partial \eta} = 0$$

$$\frac{\partial^2 v}{\partial \xi \partial \eta} = 0 \Rightarrow \frac{\partial v}{\partial \eta} = h(\eta) \Rightarrow v = H(\eta) + G(\xi) \quad \left(H(\eta) = \int h\,d\eta\right)$$

$$\therefore \quad v(\xi, \eta) = u(x, y) = H(-2x + y) + G(x + y)$$

($H(\eta), G(\xi)$ はそれぞれ，η, ξ のみの任意の関数)

(2) 2次方程式 $s^2 - 2s + 1 = 0$ の根は 1 (重根)。よって，与式は放物形である。いま

$$\xi = x, \eta = x + y \quad ; \quad x = \xi, y = \eta - \xi$$

とおくと

$$\frac{\partial}{\partial x} = \frac{\partial}{\partial \xi} + \frac{\partial}{\partial \eta}, \quad \frac{\partial}{\partial y} = \frac{\partial}{\partial \eta}$$

$u(x, y) = u(\xi, \eta - \xi) = v(\xi, \eta)$ とおくと

$$\frac{\partial^2 u}{\partial x^2} - 2\frac{\partial^2 u}{\partial x \partial y} + \frac{\partial^2 u}{\partial y^2} = \frac{\partial^2 v}{\partial \xi^2} = 0$$

$$\frac{\partial^2 v}{\partial \xi^2} = 0 \Rightarrow \frac{\partial v}{\partial \xi} = G(\eta) \Rightarrow v = G(\eta)\xi + H(\eta)$$

$$\therefore \quad u(x, y) = v(\xi, \eta) = G(x+y)x + H(x+y)$$

($G(\eta)$, $H(\eta)$ は η の任意の関数)

$m = 3$ の場合

$m = 2$ の場合と同様に,偏微分方程式(2)は次のように分類される。

(i) $\lambda_1, \lambda_2, \lambda_3$ が同符号 ……………… **楕円形**
(ii) 二つの固有値が同符号,他が異符号… **双曲形**
(iii) 0 となる固有値がある ……………… **放物形**

例3 次の偏微分方程式を分類せよ。

(1) $\dfrac{\partial^2 u}{\partial x^2} + \dfrac{\partial^2 u}{\partial y^2} + 4\dfrac{\partial^2 u}{\partial y \partial z} = 0$ 　(2) $2\dfrac{\partial^2 u}{\partial x \partial y} + 2\dfrac{\partial^2 u}{\partial y \partial z} - \dfrac{\partial u}{\partial y} = 0$

(解答) (1) 与式の係数のつくる行列 A は

$$A = \begin{pmatrix} 1 & 0 & 0 \\ 0 & 1 & 2 \\ 0 & 2 & 0 \end{pmatrix} \quad (E は単位行列)$$

この固有値は

$$|A - \lambda E| = \lambda(1-\lambda)^2 - 4(1-\lambda) = (1-\lambda)(\lambda^2 - \lambda - 4) = 0$$

$$\therefore \quad \lambda = 1, \quad \frac{1+\sqrt{17}}{2} \quad (>0), \quad \frac{1-\sqrt{17}}{2} \quad (<0)$$

したがって，(1)は双曲形である。

(2) 同様にして，主部の係数のつくる行列Aは

$$A = \begin{pmatrix} 0 & 1 & 0 \\ 1 & 0 & 1 \\ 0 & 1 & 0 \end{pmatrix}$$

この固有値を求める。

$$|A - \lambda E| = \lambda(\lambda+1)(\lambda-1) = 0$$

$$\therefore \quad \lambda = 0, 1, -1$$

したがって，(2)は放物形である。

例4 $\Delta u = 0$ で，u が C^2 級の関数のとき，**調和関数**という（特に，2次元のときは，正則関数の実部または虚部となる）。これは理論上も応用上も重要な役割を演ずる（複素解析学の教科書を参照のこと）。ラプラシアン Δ は極座標により次のように表される。

2次元

$$x = r\cos\theta, \quad y = r\sin\theta \quad r = \sqrt{x^2+y^2}, \quad \theta = \tan^{-1}\frac{y}{x}$$

$$\Delta = \frac{\partial^2}{\partial x^2} + \frac{\partial^2}{\partial y^2} = \frac{\partial^2}{\partial r^2} + \frac{1}{r}\cdot\frac{\partial}{\partial r} + \frac{1}{r^2}\cdot\frac{\partial^2}{\partial \theta^2} \quad (3.4.9)$$

3次元

$$x = r\cos\theta\sin\phi, \quad y = r\sin\theta\sin\phi, \quad z = r\cos\phi$$

$$\Delta = \frac{\partial^2}{\partial x^2} + \frac{\partial^2}{\partial y^2} + \frac{\partial^2}{\partial z^2}$$

$$= \frac{\partial^2}{\partial r^2} + \frac{2}{r}\cdot\frac{\partial}{\partial r} + \frac{1}{r^2}\cdot\frac{\partial^2}{\partial \phi^2} + \frac{\cot\phi}{r^2}\cdot\frac{\partial}{\partial \phi} + \frac{1}{r^2\sin^2\phi}\cdot\frac{\partial^2}{\partial \theta^2} \quad (3.4.10)$$

問題

[1] 次の偏微分方程式を分類し標準形に直せ。

(1) $3u_{xx} + 6u_{xy} + u_{yy} = 0$
(2) $u_{xx} - 4u_{xy} + 4u_{yy} = 0$
(3) $u_{xy} + u_{yy} + u_x = 0$
(4) $7u_{xx} + 10u_{xy} + 7u_{yy} = 1$
(5) $u_{xx} + 2\sqrt{3}\, u_{xy} + 3u_{yy} = 2x$
(6) $u_{xx} - 2u_{xy} + u_{yy} + 6u_x = 0$

[2] 次の偏微分方程式を分類せよ。

(1) $u_{xz} + u_{yy} = 0$
(2) $u_{xy} + u_{yz} = 0$
(3) $u_{xx} + 2u_{yy} + u_{zz} - 4u_{xy} + 6u_{yz} = 0$
(4) $u_{xy} + u_{yz} + u_{xz} = 0$
(5) $u_{xx} + u_{yy} + u_{zz} + 2u_{yz} = 0$
(6) $u_{xx} + 3u_{yy} + 3u_{zz} - 2u_{yz} = 0$

[3] 次の偏微分方程式を解け。

(1) $u_{xx} - \alpha^2 u_{yy} = 0$
(2) $u_{xx} + 2u_{xy} = 0$
(3) $u_{xy} - \alpha^2 u_{yy} = 0$
(4) $u_{xx} - 3u_{yy} = 0$
(5) $u_{xx} - 4u_{xy} + 4u_{yy} = 0$
(6) $u_{xx} - 6u_{xy} + u_{yy} = 0$
(7) $3u_{xx} + 2\sqrt{3}\, u_{xy} + u_{yy} = 0$
(8) $3u_{xx} + 6u_{xy} - u_{yy} = 0$

[4] 括弧内の変換を用いて，次の方程式を解け。

(1) $yu_{yy} - xu_{xy} + u_y = 0$ $(s = x,\ t = xy)$
(2) $x^2 u_{xx} + x^2 y^2 u_{yy} - xyu_{xy} + yu_y = 0$ $(s = x,\ t = xy)$
(3) $u_x + \dfrac{y}{x} u_y = 0$ $(s = x,\ t = \dfrac{y}{x})$

[5] 例4(3.4.9)，(3.4.10)式を証明せよ。

5 初期値・境界値問題（I）

❶ 1次元の場合

直線上の2点$(x=0, x=L)$において，固定された弦の振動を考える。点x，時刻$t \geqq 0$における変位を$u=u(x, t)$とし，弦の質量（一定）をρ，その張力（一定）をTとし，$T/\rho = c^2$とおくと，変位uは

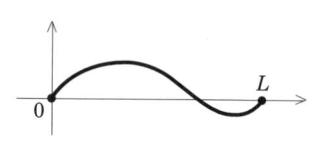

$$\frac{\partial^2 u}{\partial t^2} = c^2 \frac{\partial^2 u}{\partial x^2} \quad (\text{1次元波動方程式}) \tag{3.5.1}$$

で与えられ，端点$x=0$，$x=L$で固定されていることより，境界条件は

$$u(0, t) = u(L, t) = 0 \quad (t\text{は任意}) \tag{3.5.2}$$

で与えられる。また，時刻$t=0$における変位$u(x, 0)$および初速度

$$\frac{\partial u}{\partial t}(x, 0)$$

すなわち，初期条件が

$$u(x, 0) = f(x), \quad \frac{\partial u}{\partial t}(x, 0) = g(x) \tag{3.5.3}$$

で与えられるとき，(3.5.1)式の解を次の順序によって求める。

① 変数分離法 $\{u = X(x)Y(y)\}$ によって解を求める。
② ①で求めた解で境界条件(3.5.2)式を満たすものを決定する。
③ ①，②で求めた解で初期条件(3.5.3)式を満たすものを求める。
（②，③においては，重合せの原理（定理1）をも使う）

① 第3節，例2 (2)(p.91)において，$t=x$，$x=y$とおけば解uが得られる。
② ①で得られた解$u = X(x)T(t)$は，前記の(i)，(iii)の場合は境界条件 (3.5.2)式により

$$u(x, t) \equiv 0$$

となる（③に適しない）。したがって，(ii)の場合となる。

$$X(x) = c_1 \cos\beta x + c_2 \sin\beta x \ (\beta^2 = -\alpha > 0)$$

(3.5.2)式により

$$X(0) = c_1 = 0, \quad x(L) = c_2 \sin\beta L = 0$$

∴ $\sin\beta L = 0$

∴ $\beta L = k\pi \quad (k = 1, 2, \cdots)$

$$\beta = \frac{k\pi}{L}$$

$k = 1, 2, \cdots$ に対する解を X_k，係数を c_k とすると

$$X_k(x) = c_k \sin\frac{\pi k}{L}x$$

（この解は $k = -1, -2, \cdots$ のときも同じ解が得られる）

③ $\beta = k\pi/L \quad (k = 1, 2, \cdots)$ に対する

$$T'' + \beta^2 c^2 T = 0$$

の解 T_k は

$$T_k(t) = d_k \cos\frac{kc\pi}{L}t + d'_k \sin\frac{kc\pi}{L}t$$

したがって，$k = 1, 2, \cdots$ に対する偏微分方程式(3.5.1)の解 u_k は

$$u_k(x, t) = \left(d_k \cos\frac{kc\pi}{L}t + d'_k \sin\frac{kc\pi}{L}t\right)\sin\frac{\pi k}{L}x$$

（c_k は任意定数であるから），したがって

$$u(x, t) = \sum_{k=1}^{\infty} u_k(x, t)$$

も解となる。これが，初期条件(3.5.3)式を満たすためには

$$u(x, 0) = \sum_{k=1}^{\infty} u_k(x, 0) = \sum_{k=1}^{\infty} d_k \sin\frac{k\pi}{L}x = f(x)$$

これは，$f(x)$ がフーリエ正弦級数で表されているとみなすことができる。したがって

$$d_k = \frac{2}{L}\int_0^L f(x)\sin\frac{k\pi}{L}x\,dx \quad (k=1,\,2,\cdots) \tag{3.5.4}$$

同様にして

$$\frac{\partial u}{\partial t}(x,\,0) = \sum_{k=1}^{\infty}\frac{\partial u_k}{\partial t}(x,\,0) = \sum_{k=1}^{\infty}\frac{kc\pi}{L}d_k'\sin\frac{k\pi}{L}x = g(x)$$

$$\therefore \quad \frac{kc\pi}{L}d_k' = \frac{2}{L}\int_0^L g(x)\sin\frac{k\pi}{L}x\,dx$$

$$d_k' = \frac{2}{kc\pi}\int_0^L g(x)\sin\frac{k\pi}{L}x\,dx \quad (k=1,\,2,\cdots) \tag{3.5.5}$$

したがって，(3.5.4)，(3.5.5)式で与えられた d_k，d_k' を係数とする級数を

$$u(x,\,t) = \sum_{k=1}^{\infty}\left(d_k\cos\frac{kc\pi t}{L} + d_k'\sin\frac{kc\pi t}{L}\right)\sin\frac{k\pi x}{L} \tag{3.5.6}$$

とおくと，$f(x)$，$g(x)$ および $f'(x)$，$g'(x)$ が連続ならば，重合せの原理により(3.5.6)式は方程式(3.5.1)の解で，境界条件(3.5.2)式，初期条件(3.5.3)式を満たす．

次に均質な物質でできている細長い棒の熱量を考える．いま，その密度を ρ，熱伝導率を k，比熱を σ とし，$c^2 = k/\sigma\rho$ とおき，棒の側面が断熱されていて，x 軸方向に熱が流れるとする．位置 x および時刻 t における温度を $u = u(x,\,t)$ とおくと，熱流は方程式

$$\frac{\partial u}{\partial t} = c^2\frac{\partial^2 u}{\partial x^2} \tag{3.5.7}$$

により表される．この式を**1次元熱伝導方程式**という．ここで，長さ L の棒で両端の温度が0に保たれているとすると，境界条件

$$u(0,\,t) = u(L,\,t) = 0 \tag{3.5.2}'$$

となり，初期温度分布を $f(x)$ とすると，初期条件

$$u(x,\,0) = f(x) \tag{3.5.3}'$$

となる．

5 初期値・境界値問題(Ⅰ)

例1 境界条件(3.5.2)′および初期条件(3.5.3)′のもとで,熱伝導方程式(3.5.7)を解け。

(解答) 第3節,例2 (1)(p. 90)により,$u(x, t) = X(x)T(t)$ とおくと

(i) $X'' + \beta^2 X = 0$ (ii) $T' + \beta^2 c^2 T = 0$

境界条件(3.5.2)′式と(i)より, $X = c_1 \cos \beta x + c_2 \sin \beta x$

また,条件(3.5.2)′式により, $X(0) = c_1 = 0$, $X(L) = c_2 \sin \beta L = 0$

∴ $\beta L = n\pi$, $\beta = \dfrac{n\pi}{L}$ $(n = 1, 2, \cdots)$

$$u_n(x, t) = c_n e^{-\left(\frac{n\pi}{L}\right)^2 c^2 t} \sin \frac{n\pi}{L} x$$

∴ $u(x, t) = \displaystyle\sum_{n=1}^{\infty} c_n e^{-\left(\frac{n\pi}{L}\right)^2 c^2 t} \sin \frac{n\pi}{L} x$ \hfill (3.5.8)

初期条件(3.5.3)′式より

$$u(x, 0) = \sum_{n=1}^{\infty} c_k \sin \frac{n\pi}{L} x = f(x)$$

これを $f(x)$ のフーリエ正弦展開であるとみて

$$c_n = \frac{2}{L} \int_0^L f(u) \sin \frac{n\pi u}{L} du \quad (n = 1, 2, \cdots) \tag{3.5.9}$$

したがって,係数(3.5.9)式を(3.5.8)式に代入して,解(3.5.8)式が得られる。

偏微分方程式(3.5.1), (3.5.7)は斉次方程式であるが,非斉次線形偏微分方程式は,しばしば斉次に変換される。たとえば

$$a\frac{\partial^2 u}{\partial x^2} + b\frac{\partial^2 u}{\partial y^2} = h(x, y) \tag{3.5.10}$$

において,h が x だけの式のときは, $v = u - \varphi(x)$ $(a\varphi'' = h)$ とおき,h が y だけの式のときは, $v = u - \psi(y)$ $(b\psi'' = h)$ とおけば,(3.5.10)式は

$$\frac{\partial^2 v}{\partial x^2} + \alpha \frac{\partial^2 v}{\partial y^2} = 0 \tag{3.5.10′}$$

に帰着できる。また，斉次方程式

$$\frac{\partial u}{\partial t} = c^2 \frac{\partial^2 u}{\partial x^2} - \beta u \tag{3.5.11}$$

についても，$v = ue^{-\beta t}$ とおくと

$$\frac{\partial v}{\partial t} = c^2 \frac{\partial^2 v}{\partial x^2} \tag{3.5.11}'$$

に帰着できる。

問　題

次の偏微分方程式を境界条件(i), 初期条件(ii)のもとで解け。

[1] $u_t = 3u_{xx}$ $(0 \leq x \leq 4,\ t \geq 0)$
 (i) $u(0,\ t) = u(4,\ t) = 0$
 (ii) $u(x,\ 0) = 2\sin 3\pi x + 3\sin 7\pi x$

[2] $u_t = 5u_{xx}$ $(0 \leq x \leq 3,\ t \geq 0)$
 (i) $u(0,\ t) = u(3,\ t) = 0$
 (ii) $u(x,\ 0) = 1 + x$

[3] $u_{tt} = u_{xx}$ $(0 \leq x \leq 4,\ t \geq 0)$
 (i) $u(0,\ t) = u(4,\ t) = 0$
 (ii) $u(x,\ 0) = x$, $u_t(x,\ 0) = 1$

[4] $u_t = a^2 u_{xx}$ $(a > 0,\ 0 \leq x \leq 2\pi,\ t \geq 0)$
 (i) $u(0,\ t) = u(2\pi,\ t) = 0$
 (ii) $u(x,\ 0) = x(2\pi - x)$

[5] $u_t = a^2 u_{xx}$ $(a > 0)$
 (i) $u(0,\ t) = 0,\ u_x(L,\ t) = 0$ $(L > 0)$
 (ii) $u(x,\ 0) = x$ $(0 < x < L)$

[6] $u_{tt} = 9u_{xx}$
 (i) $u(0,\ t) = 0,\ u(2,\ t) = 0$
 (ii) $u(x,\ 0) = \dfrac{1}{2}x(2-x),\ u_t(x,\ 0) = x$

〔7〕 $\Delta u = 0$

$u(0, y) = 0, \quad u(\pi, y) = 0$

$u(x, 0) = k \sin x, \quad |u(x, y)| \leq M \quad (0 \leq x \leq \pi, \ y \geq 0)$

〔8〕 $u_{tt} = u_{xx} + u$

$u(0, t) = 0, \quad u(\pi, t) = 0$

$|u(x, t)| < M \quad (0 \leq x \leq \pi, \ t \geq 0)$

❷ 2次元の場合

平面 (x, y) 上の曲線に張られた膜の振動(太鼓の面のような振動)を考える。ここで，次の仮定をする。

① 均質な膜(質量一定)で，完全なたわみをもち，厚さ0で，曲げに対して抵抗がない。
② 膜は平面の曲線(境界)にそって固定され，張力はすべての点で，すべての方向に等しく，常に一定である。
③ 膜の運動は垂直方向のみで，水平方向の運動は無視できる。

このとき，膜の単位当りの張力を T，質量を ρ とし，$c^2 = T/\rho$ とおくと，膜の変位 $u(x, y, t)$ は

$$\frac{\partial^2 u}{\partial t^2} = c^2 \Delta u \quad \left(\Delta = \frac{\partial^2}{\partial x^2} + \frac{\partial^2}{\partial y^2} \right) \tag{3.5.12}$$

で与えられる。これを**2次元波動方程式**という。

例2 右図のような直線 $x = 0$, $x = a$, $y = 0$, $y = b$ によって囲まれた振動膜の運動方程式(2次元波動方程式)

$$\frac{\partial^2 u}{\partial t^2} = c^2 \left(\frac{\partial^2 u}{\partial x^2} + \frac{\partial^2 u}{\partial y^2} \right) \quad (3.5.13)$$

を境界条件

$$u(x, y, t) = 0 \quad ((x, y) \text{は境界上, } t \geq 0) \tag{3.5.14}$$

および初期条件

$$u(x, y, 0) = f(x, y), \quad \frac{\partial u}{\partial t}(x, y, 0) = g(x, y) \tag{3.5.15}$$

のもとで解け。

（解答） 第3節，例3(p. 92)により，$u(x, y, t) = F(x, y)T(t)$ とおくと

$$F\frac{d^2T}{dt^2} = c^2\left(\frac{\partial^2 F}{\partial x^2} + \frac{\partial^2 F}{\partial y^2}\right)T$$

境界条件(3.5.14)式より

$$\frac{\frac{d^2 t}{dt^2}}{c^2 T} = \frac{\frac{\partial^2 F}{\partial x^2} + \frac{\partial^2 F}{\partial y^2}}{F} = -\alpha^2$$

したがって

$$\frac{d^2T}{dt^2} + c^2\alpha^2 T = 0 \quad \therefore T = D_1 \cos c\alpha t + D_2 \sin c\alpha t \tag{3.5.16}$$

$$\frac{\partial^2 F}{\partial x^2} + \frac{\partial^2 F}{\partial y^2} + \alpha^2 F = 0 \tag{3.5.17}$$

(3.5.17)式において，$F(x, y) = X(x) \cdot Y(y)$ とおくと

$$\frac{d^2 X}{dx^2}Y + X\frac{d^2 Y}{dy^2} + \alpha^2 XY = \frac{d^2 X}{dx^2}Y + X\left(\frac{d^2 Y}{dy^2} + \alpha^2 Y\right) = 0$$

$$\therefore \frac{1}{X} \cdot \frac{d^2 X}{dx^2} = -\frac{1}{Y}\left(\frac{d^2 Y}{dy^2} + \alpha^2 Y\right) \quad (= -\beta^2 \text{ とおくと})$$

これより，次の二つの式を得る。

$$\frac{d^2 X}{dx^2} + \beta^2 X = 0 \quad \therefore \quad X = A_1 \cos\beta x + A_2 \sin\beta x \tag{3.5.18}$$

$$\frac{d^2 Y}{dy^2} + \gamma^2 Y = 0 \quad \therefore \quad Y = \beta_1 \cos\gamma x + \beta_2 \sin\gamma x \tag{3.5.19}$$

（ここで $\gamma^2 = \alpha^2 - \beta^2$）

ここで境界条件(3.5.14)式より

$$X(0) = X(a) = 0, \quad Y(0) = Y(b) = 0$$

$$\begin{cases} X(0) = 0 \Rightarrow A_1 = 0 \\ X(a) = 0 \Rightarrow \sin\beta a = 0 \end{cases}$$

$$\therefore \beta a = m\pi, \quad \beta = \frac{m\pi}{a} \quad (m = 1, 2, \cdots)$$

$$\begin{cases} Y(0) = 0 \Rightarrow B_1 = 0 \\ Y(b) = 0 \Rightarrow \sin \gamma b = 0 \end{cases}$$

$$\therefore \quad \gamma b = n\pi, \quad \gamma = \frac{n\pi}{b} \quad (n = 1, 2, \cdots)$$

したがって，m, n に対して

$$X_m(x) = \sin \frac{m\pi x}{a}, \quad Y_n(x) = \sin \frac{n\pi y}{b}$$

$$F_{m,n}(x, y) = X_m(x) Y_n(y)$$

とおく。また，$\gamma^2 = \alpha^2 - \beta^2$ より

$$\alpha = \sqrt{\gamma^2 + \beta^2} = \pi \sqrt{\frac{m^2}{a^2} + \frac{n^2}{b^2}} \quad (= \alpha_{m,n})$$

とおく。この $\alpha_{m,n}$ に対する (3.5.16) 式の T を $T_{m,n}$ とおく。

$$T_{m,n}(t) = D_{m,n} \cos c\alpha_{m,n} t + D'_{m,n} \sin c\alpha_{m,n} t$$

この m, n に対する解 u を $u_{m,n}$ とおく。

$$\left. \begin{aligned} u_{m,n}(x, y, t) &= F_{m,n}(x, y) T_{m,n}(t) \\ &= (D_{m,n} \cos c\alpha_{m,n} t + D'_{m,n} \sin c\alpha_{m,n} t) \sin \frac{m\pi x}{a} \sin \frac{n\pi y}{b} \\ u(x, y, t) &= \sum_{m,n=1}^{\infty} u_{m,n}(x, y, t) \end{aligned} \right\} \quad (3.5.20)$$

とおき，右辺が収束（一様）すれば，$u(x, y, t)$ は (3.5.13) 式の解である。これが初期条件 (3.5.15) 式を満たすように $D_{m,n}$, $D'_{m,n}$ を定めればよい。すなわち

$$\left. \begin{aligned} u(x, y, 0) &= \sum_{m,n=1}^{\infty} D_{m,n} \sin \frac{m\pi x}{a} \sin \frac{n\pi y}{b} = f(x, y) \\ \frac{\partial u}{\partial t}(x, y, 0) &= \sum_{m,n=1}^{\infty} c\alpha_{m,n} D'_{m,n} \sin \frac{m\pi x}{a} \sin \frac{n\pi y}{b} = g(x, y) \\ &\quad (0 \le x \le a, \ 0 \le y \le b) \end{aligned} \right\} (3.5.15)'$$

ここで，$D_{m,n}$, $D'_{m,n}$ は次のように定めればよい。(3.5.15)′ 式の第 1 式で

$$\sum_{m,n=1}^{\infty} D_{m,n} \sin\frac{m\pi x}{a} \sin\frac{n\pi y}{b} = \sum_{n=1}^{\infty} D_n(x)\sin\frac{n\pi y}{b}$$
$$= f(x, y) \tag{3.5.21}$$

$$D_n(x) = \sum_{m=1}^{\infty} D_{m,n} \sin\frac{m\pi x}{a} \tag{3.5.22}$$

(x は固定されていると考え, $f(x, y)$ のフーリエ展開と考えると)

$$D_n(x) = \frac{2}{b}\int_0^b f(x, y)\sin\frac{n\pi y}{b} dy$$

(3.5.22)式より

$$= \sum_{m=1}^{\infty} D_{m,n} \sin\frac{m\pi x}{a} \tag{3.5.23}$$

これより

$$D_{m,n} = \frac{2}{a}\int_0^a \left\{ \frac{2}{b}\int_0^b f(x, y)\sin\frac{n\pi y}{b} dy \right\} \sin\frac{m\pi x}{a} dx$$

$$= \frac{4}{ab}\int_0^a \int_0^b f(x, y)\sin\frac{m\pi x}{a} \sin\frac{n\pi y}{b} dy\, dx \tag{3.5.24}$$

また, 同様にして

$$D'_{m,n} = \frac{1}{abc\alpha_{m,n}}\int_0^a \int_0^b g(x, y)\sin\frac{m\pi x}{a} \sin\frac{n\pi y}{b} dy\, dx \tag{3.5.25}$$

(3.5.24), (3.5.25)式を(3.5.20)式に代入して, 求める解を得る.
((3.5.15)′式の級数を**2重フーリエ級数**という)

半径 R の円形膜の振動(太鼓の振動), 波動方程式は

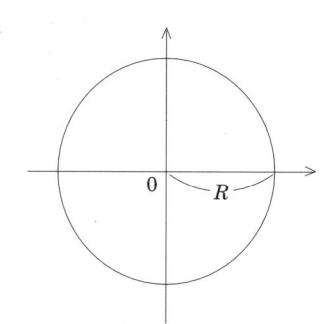

$$\frac{\partial^2 u}{\partial t^2} = c^2 \Delta u \quad \left(\Delta = \frac{\partial^2}{\partial x^2} + \frac{\partial^2}{\partial y^2} \right)$$

(3.5.13, 前出)

によって与えられる.

いま Δu を極座標,

$x = r\cos\theta,\ y = r\sin\theta$ で表すと

$$\Delta u = \frac{\partial^2 u}{\partial r^2} + \frac{1}{r}\cdot\frac{\partial u}{\partial r} + \frac{1}{r^2}\cdot\frac{\partial^2 u}{\partial \theta^2}$$

(第4節, (3.4.9)式, p. 102)。ここで, θに関係しない解uを求める(撥を円の中心に当てる)。このとき, (3.5.13)式は

$$\frac{\partial^2 u}{\partial t^2} = c^2\left(\frac{\partial^2 u}{\partial r^2} + \frac{1}{r}\cdot\frac{\partial u}{\partial r}\right) \tag{3.5.26}$$

ここで, 膜は境界$r = R$上で固定されているので, 境界条件

$$u(R,\ t) = 0 \tag{3.5.27}$$

また, 初期条件はθに関係しないから

$$u(r,\ \theta,\ 0) = f(r) \tag{3.5.28}$$

$$\left(\frac{\partial u}{\partial t}\right)_{t=0} = g(r) \tag{3.5.29}$$

で与えられる。

例3 偏微分方程式(3.5.26)を境界条件(3.5.27)式, 初期条件(3.5.28), (3.5.29)式のもとで解け。

(解答) 解uを

$$u(r,\ t) = F(x)G(t) \tag{3.5.30}$$

とおき, このuを(3.5.28)式に代入して

$$F\frac{d^2 G}{dt^2} = c^2\left(\frac{d^2 F}{dr^2} + \frac{1}{r}\cdot\frac{dF}{dr}\right)G$$

$$\therefore\quad \frac{\dfrac{d^2 G}{dt^2}}{c^2 G} = \frac{\dfrac{d^2 F}{dr^2} + \dfrac{1}{r}\cdot\dfrac{dF}{dr}}{F}$$

境界条件(3.5.27)式を満たす恒等的に0でない解を求めるには

$$\frac{\dfrac{d^2 G}{dt^2}}{c^2 G} = \frac{\dfrac{d^2 F}{dr^2} + \dfrac{1}{r}\cdot\dfrac{dF}{dr}}{F} = -k^2 \quad (k \neq 0)$$

(定数は負となる)。したがって

$$F'' + \frac{1}{r}F' + k^2 F = 0 \qquad (3.5.31)$$

$$G'' + c^2 k^2 G = 0 \qquad (3.5.32)$$

方程式(3.5.31)を解く。そこで変数変換 $r = s/k$ をすると

$$\frac{d}{dr} = \frac{d}{ds} \cdot \frac{ds}{dr} = k\frac{d}{ds}, \qquad \frac{d^2}{dr^2} = k^2 \frac{d^2}{ds^2}$$

したがって，(3.5.31)式は次のようになる。

$$k^2 \frac{d^2 F}{ds^2} + \frac{k^2}{s} \cdot \frac{dF}{ds} + k^2 F = 0$$

$$\therefore \quad F'' + \frac{1}{s}F' + F = 0$$

これは，第2節，例5(p. 86)の方程式(ベッセルの微分方程式)である。

したがって，解 $J_0(s)$ ともう一つの解 $y(s)$ を持ち，この一般解は

$$F(s) = c_1 J_0(s) + c_2 y(s)$$

しかし，$y(s) = J_0(s)\log s + \cdots$ より，$s \to 0$ とすると，$y(s) \to \infty$。したがって，解 $y(s)$ は不適である。したがって，$c_1 \neq 0$，$c_1 = 0$。

よって解は

$$F(s) = J_0(s) = J_0(kr)$$

また，(3.5.32)式の解は

$$G(t) = a\cos ckt + b\sin ckt$$

$$\therefore \quad u(x, t) = J_0(kr)(a\cos ckt + b\sin ckt)$$

ここで，境界条件(3.5.27)式より

$$u(R, t) = J_0(kR)(a\cos ckt + b\sin ckt) = 0$$

$$\therefore \quad J_0(kR) = 0$$

J_0 の零点 $\alpha_1, \alpha_2, \cdots$ をとり

$$kR = \alpha_m \quad (m = 1, 2, \cdots)$$

とおくと，これに対する解は

$$u_m(r,\ t) = J_0\left(\frac{\alpha_m}{R}r\right)\left(a_m\cos\frac{c\alpha_m}{R}t + b_m\sin\frac{c\alpha_m}{r}t\right) \quad (m=1,\ 2,\cdots) \tag{3.5.33}$$

であり，解

$$u(r,\ t) = \sum_{m=1}^{\infty} u_m(r,\ t) \tag{3.5.34}$$

が得られる。ここで初期条件(3.5.28)式によって

$$u(r,\ 0) = \sum_{m=1}^{\infty} a_m J_0\left(\frac{\alpha_m}{R}r\right) = f(x)$$

これは，u のフーリエ・ベッセル展開であるから

$$a_m = \frac{2}{R^2 J_1^2(\alpha_m)} \int_0^R rf(r) J_0\left(\frac{\alpha_m}{R}r\right) dr \quad (m=1,\ 2,\cdots) \tag{3.5.35}$$

また，(3.5.29)式によって

$$\frac{\partial u}{\partial t}(r,\ 0) = \sum_{m=1}^{\infty} \frac{c\alpha_m}{R} b_m J_0\left(\frac{\alpha_m}{R}r\right) = g(x)$$

$$b_m = \frac{2}{c\alpha_m R J_1^2(\alpha_m)} \int_0^R rg(x) J_0\left(\frac{\alpha_m}{R}r\right) dr \quad (m=1,\ 2,\cdots) \tag{3.5.36}$$

この a_m, b_m を(3.5.33)(3.5.34)式に代入し，求める解が得られる。

(3.5.13)式の解が r と θ とに関係する場合には

$$\Delta u = \frac{\partial^2 u}{\partial r^2} + \frac{1}{r}\cdot\frac{\partial u}{\partial r} + \frac{1}{r^2}\cdot\frac{\partial^2 u}{\partial \theta^2}$$

より，(3.5.13)式は

$$\frac{\partial^2 u}{\partial t^2} = c^2 \Delta u = c^2\left(\frac{\partial^2 u}{\partial r^2} + \frac{1}{r}\cdot\frac{\partial u}{\partial r} + \frac{1}{r^2}\cdot\frac{\partial^2 u}{\partial \theta^2}\right) \tag{3.5.37}$$

ここで，$u(r,\ \theta,\ t) = F(r,\ \theta)\cdot G(t)$ とおき，例2と同様にして

$$F_{rr} + \frac{1}{r}F_r + \frac{1}{r^2}F_{\theta\theta} + k^2 F = 0 \tag{3.5.38}$$

$$G'' + c^2 k^2 G = 0 \tag{3.5.39}$$

が得られ，(3.5.39)式は(3.5.32)式と同じであるが，(3.5.38)式は，$F(r,\ \theta) = $

$X(r)Y(\theta)$ とおくと，次のようになる。

$$r^2 X'' + rX' + (k^2 r^2 - \mu^2)X = 0 \tag{3.5.40}$$

$$Y'' + \mu^2 Y = 0 \tag{3.5.41}$$

ここで，(3.5.40)式はベッセルの微分方程式である(第2節, 例4, p.85参照)。

問題

[1] 次の関数を2重フーリエ級数で表せ。
 (1) $f(x, y) = x \quad (0 < x < 1, \ 0 < y < 1)$
 (2) $f(x, y) = x + y \quad (0 < x < a, \ 0 < y < b)$
 (3) $f(x, y) = xy \quad (0 < x < a, \ 0 < y < b)$

[2] 正方形膜 $(0 \leq x \leq 1, \ 0 \leq y \leq 1)$ において，$c = 1$ で $f(x, y)$，$g(x, y)$ が次の式で与えられるとき，2次元波動方程式(3.5.13)の解を求めよ。
 (1) $f(x, y) = xy \qquad g(x, y) = x + y$
 (2) $f(x, y) = \sin \pi x \cos \pi y \qquad g(x, y) = 1$

[3] $R = 1$，$c = 1$ とし，$f(r)$，$g(r)$ が次の式で与えられるとき，コンピュータを使って(3.5.35)の a_1，a_2，(3.5.36)の b_1，b_2 を計算し，(3.5.33)式における $t = 0, 1$ のとき，$u_1(r, t)$，$u_2(r, t)$ のグラフを描け。
 (1) $f(r) = 1 - r \qquad g(r) = 1$
 (2) $f(r) = 1 \qquad g(r) = r$

[4] コンピュータを使って，次の偏微分方程式を指定の条件のもとで解け。
 (1) $u_{tt} = u_{rr} + \dfrac{1}{r} u_r \quad (0 < r \leq 1)$
  条件 $\begin{cases} u(r, t) \text{は有界}, \quad u(1, t) = 0 \quad (t \geq 0) \\ u(r, 0) = 1 - r^2, \quad u_t(r, 0) = 0 \end{cases}$

 (2) $u_{rr} + \dfrac{1}{r} u_r + u_{zz} = 0 \quad (0 \leq z \leq 1, \ 0 < r < 1)$
  条件 $\begin{cases} u(r, z) \text{は有界}, \quad u(r, 0) = 1 \\ u_r(1, z) + u(1, z) = 0, \quad u_z(r, 1) + u(r, 1) = 0 \end{cases}$

(3) $u_t = u_{rr} + \dfrac{1}{r} u_r$ $(t>0,\ 0<x<1)$

条件 $\begin{cases} u(r,\ t) \text{は有界}, \quad u_r(1,\ t) = 0 \\ u(r,\ 0) = r \quad (0<r<1) \end{cases}$

6 初期値・境界値問題（Ⅱ）

両側に無限に伸びた棒の熱伝導方程式

$$\frac{\partial u}{\partial t} = c^2 \frac{\partial^2 u}{\partial x^2} \qquad (3.6.1)$$

においては境界はない。したがって，境界条件はなく，初期条件

$$u(x, 0) = f(x) \quad (-\infty < x < \infty) \qquad (3.6.2)$$

のみである。また，片側にのみ無限に伸びている場合は，一つの境界条件だけである。(3.6.1)式の解 $u(x, t)$ が有界な場合を与える。

$u(x, t) = X(x)T(t)$ とおき，(3.6.1)式を解くと，第3節，例2 (1)(p.90)によって

$$X'' + \omega^2 X = 0 \quad \therefore \quad X = A\cos\omega x + B\sin\omega x \qquad (3.6.3)$$

$$T' + \omega^2 c^2 T = 0 \quad \therefore \quad T = ce^{-\omega^2 c^2 t} \qquad (3.6.4)$$

この ω に対する解を $u(x, t, \omega)$ とおくと

$$u(x, t, \omega) = T(t) \cdot X(x) = e^{-\omega^2 c^2 t}(A\cos\omega x + B\sin\omega x)$$

ここで，A, B を ω の関数 $A(\omega)$, $B(\omega)$ とし

$$u(x, t) = \int_0^\infty e^{-\omega^2 c^2 t}\{A(\omega)\cos\omega x + B(\omega)\sin\omega x\}d\omega \qquad (3.6.5)$$

とおくと，(3.6.1)式の解である。これが，条件(3.6.2)式を満たすことから

$$u(x, 0) = \int_0^\infty \{A(\omega)\cos\omega x + B(\omega)\sin\omega x\}d\omega = f(x)$$

これを $f(x)$ のフーリエ積分とみると，A, B はフーリエ変換により，

$$\begin{aligned} A(\omega) &= \frac{1}{\pi}\int_{-\infty}^\infty f(x)\cos\omega x\, dx = \frac{1}{\sqrt{2\pi}}\{F(\omega) + F(-\omega)\} \\ B(\omega) &= \frac{1}{\pi}\int_{-\infty}^\infty f(x)\sin\omega x\, dx = \frac{i}{\sqrt{2\pi}}\{F(\omega) - F(-\omega)\} \end{aligned} \qquad (3.6.6)$$

と表される。(3.6.6)式を(3.6.5)式に代入して解を得る。このとき $f(x)$ が連続ならば，(3.6.5)式は解を与え，不連続ならば

$$\frac{u(x+0, t) + u(x-0, t)}{2}$$

の値となる。

例1 偏微分方程式

$$\frac{\partial^2 u}{\partial t^2} = c^2 \frac{\partial^2 u}{\partial x^2} \tag{3.6.7}$$

を次の条件(3.6.8)式および初期条件(3.6.9)式のもとで解け。

ただし，$|u(x, t)| \leq M$(有界)とする。

$$\begin{cases} 条件 \quad u(0, t) = 0 & (3.6.8) \\ 初期条件 \quad u(x, 0) = f(x), \ \dfrac{\partial u}{\partial t}(x, 0) = g(x) \ (x \geq 0) & (3.6.9) \end{cases}$$

(解答) $u(x, t) = X(x)T(t)$ とおくと

(i) $X'' + \omega^2 X = 0 \quad \therefore \ X = c_1 \cos \omega x + c_2 \sin \omega x$

(ii) $T'' + \omega^2 c^2 T = 0 \quad \therefore \ T = D_1 \cos \omega c t + D_2 \sin \omega c t$

境界条件(3.6.8)式より

$X(0) = c_1 = 0 \quad \therefore \ X = c_2 \sin \omega x$

$\therefore \ u(x, t, \omega) = XT = (D_1 \cos \omega c t + D_2 \sin \omega c t) \sin \omega x$

D_1, D_2 を $D_1(\omega), D_2(\omega)$ とし，

$$u(x, t) = \int_0^\infty \{D_1(\omega) \cos \omega c t + D_2(\omega) \sin \omega c t\} \sin \omega x \, d\omega \tag{3.6.10}$$

とおくと，$u(x, t)$ は(3.6.7)式の解であり，これが条件(3.6.9)式を満たすようにするため

$u(x, 0) = \int_0^\infty D_1(\omega) \sin \omega x \, d\omega = f(x)$

$\therefore \ D_1(\omega) = \dfrac{2}{\pi} \int_0^\infty f(x) \sin \omega x \, dx$

$\dfrac{\partial u}{\partial t}(x, 0) = c \int_0^\infty \omega D_2(\omega) \sin \omega x \, d\omega = g(x)$

$\therefore \ \omega D_2(\omega) = \dfrac{2}{\pi c} \int_0^\infty g(x) \sin \omega x \, dx$

$$\left.\begin{aligned}D_1(\omega) &= \frac{2}{\pi}\int_0^\infty f(u)\sin\omega u\,du \\ D_2(\omega) &= \frac{2}{\omega\pi c}\int_0^\infty g(u)\sin\omega u\,du\end{aligned}\right\} \quad (3.6.11)$$

これを，(3.6.10)式に代入して，解が得られる。

2変数x, yの偏微分方程式

$$a_1\frac{\partial^2 u}{\partial x^2} + a_2\frac{\partial^2 u}{\partial y^2} + b\frac{\partial u}{\partial y} + cu = f(x,\ y) \quad (3.6.12)$$

条件：$u(x,\ y) \to 0 \quad (x \to \infty)$

において，xの範囲が$x > 0$のときは，(3.6.12)のフーリエ正弦または余弦変換をとる（yを固定して――後に動かす――xのフーリエ変換をとる）と，第2章，第2節，例4(p. 69)により，uの正弦変換をU_s，余弦変換をU_c（U_s, U_cはyを含む）とおくと

$$a_1\left\{-\omega^2 U_s(\omega) + \omega\sqrt{\frac{2}{\pi}}u(0)\right\} + LU_s(\omega) = F_s(\omega) \quad (3.6.13)$$

$$a_1\left\{-\omega^2 U_c(\omega) + \sqrt{\frac{2}{\pi}}\cdot\frac{\partial u}{\partial x}(0)\right\} + LU_c(\omega) = F_c(\omega) \quad (3.6.14)$$

$$\left(L = a_2\frac{\partial^2}{\partial y^2} + b\frac{\partial}{\partial y} + c\right)$$

($F_s(\omega)$はfの正弦変換，$F_c(\omega)$はfの余弦変換でyを含んでいる)。xは半直線$(x > 0)$で境界値$x = 0$における値$u(0,\ y)$が与えられたときは(3.6.13)式を用い，U_sに対するyの常微分方程式としてこれを解き，U_sを求め，このフーリエ積分を求めれば，これが(3.6.12)式の解となる。

$$\frac{\partial u}{\partial x}(0,\ y)$$

が与えられたときは，(3.6.14)式を用いて，同様にして(3.6.12)式の解が得られる。

xの範囲が$-\infty < x < \infty$のときは，p. 67の(2.2.3)式のフーリエ変換$F(\omega)$を用

いて同様にして(3.6.12)式の解が得られる(最初の問題および例1をこの方法で解くこともできる)。

例2 偏微分方程式

$$\frac{\partial u}{\partial t} = c^2 \frac{\partial^2 u}{\partial x^2} \quad (-\infty < x < \infty,\ t \geq 0) \tag{3.6.15}$$

を条件

(i) $u(x, t) \to 0 \quad (x \to \pm\infty)$

(ii) $u(x, 0) = e^{-x^2}$

のもとで解け。

(解答) $u(x, t)$ のフーリエ変換を $U(\omega, t)$ とし,(3.6.15)式のフーリエ変換をとると

$$\frac{\partial U}{\partial t} = -(\omega c)^2 U(\omega, t)$$

この解は

$$U(\omega, t) = A(\omega) e^{-(\omega c)^2 t}$$

ここで,e^{-x^2} のフーリエ変換は

$$F(\omega) = \frac{1}{\sqrt{2}} e^{-\frac{\omega^2}{4}} \quad (\text{p.72, 例6})$$

であるから

$$U(\omega, 0) = A(\omega) = F(\omega) = \frac{1}{\sqrt{2}} e^{-\frac{\omega^2}{4}}$$

$$\therefore\quad U(\omega, t) = \frac{1}{\sqrt{2}} e^{-\frac{\omega^2}{4}} e^{-(\omega c)^2 t} = \frac{1}{\sqrt{2}} e^{-\left(\frac{4c^2 t + 1}{4}\right)\omega^2}$$

このフーリエ積分をとり,解は次のようになる。

$$u(x, t) = \frac{1}{\sqrt{4c^2 t + 1}} e^{-\frac{x^2}{4c^2 t + 1}}$$

問 題

次の偏微分方程式を指定の条件のもとで解け。

〔1〕 $u_t = 4u_{xx}$ $(-\infty < x < \infty,\ t \geq 0)$

条件 $\begin{cases} u(x,\ t) \text{ は有界} \\ u(x,\ 0) = f(x) = \begin{cases} 2 & (|x| < 1) \\ 0 & (|x| > 1) \end{cases} \end{cases}$

〔2〕 $u_{tt} = u_{xx}$ $(x \geq 0,\ t \geq 0)$

条件 $\begin{cases} u(x,\ t) \text{ は有界},\ u(0,\ t) = 0 \\ u(x,\ 0) = f(x) = \begin{cases} 1-x & (0 < x < 1) \\ 0 & (x > 1) \end{cases}\ u_t(x,\ 0) = e^{-x} \end{cases}$

〔3〕 $u_t = 2u_{xx}$ $(x \geq 0,\ t \geq 0)$

条件 $\begin{cases} u(x,\ t) \text{ は有界} \\ u(0,\ t) = 0,\ u(x,\ 0) = e^{-ax}\quad (a > 0) \end{cases}$

〔4〕 $u_{tt} = u_{xx}$ $(x \geq 0,\ t \geq 0)$

条件 $\begin{cases} u \to 0\ (x \to \infty),\ u(0,\ t) = 0 \\ u(x,\ 0) = 0,\ u_t(x,\ 0) = e^{-2x} \end{cases}$

〔5〕 $u_t = u_{xx}$ $(-\infty < x < \infty,\ t \geq 0)$

条件 $\begin{cases} u(x,\ t) \text{ は有界} \\ u(x,\ 0) = f(x) = \begin{cases} \sin x & (|x| < \pi) \\ 0 & (|x| > \pi) \end{cases} \end{cases}$

索　引

あ 行

一般フーリエ級数 …………………… 49
一般フーリエ係数 …………………… 49
エルミット多項式 …………………… 50

か 行

解 …………………………………… 75
完全 ………………………………… 50
ギッブスの現象 …………………… 42
境界条件 …………………………… 76
境界値問題 ………………………… 77
区分的に連続な関係 ……………… 3
合成績 ………………………… 23, 68
固有関数 …………………………… 82
固有値 ……………………………… 82
固有値問題 ………………………… 82

さ 行

最小2乗近似 ……………………… 27
三角級数 …………………………… 1
初期条件 …………………………… 77
初期値問題 ………………………… 77
正規直交関数列 …………………… 46

正規直交系 ………………………… 46
正弦積分 …………………………… 59
双曲形 ……………………………… 97

た 行

第1種ベッセル関数 ……………… 52
第2種ベッセル関数 ……………… 52
楕円形 ……………………………… 97
たたみこみ …………………… 23, 68
調和関数 …………………………… 102
直交関数列 ………………………… 46
直交系 ……………………………… 46
直交する …………………………… 46
定数係数偏微分方程式 …………… 75
ディリクレ核 ……………………… 34
ディリクレ積分 …………………… 35

な 行

2重フーリエ級数 ………………… 114
熱伝導方程式 ……………………… 106

は 行

パーセバルの等式 …………… 40, 50
波動方程式 …………………… 104, 111
標準形 ……………………………… 97

索引

フーリエ級数 …………………… 2
フーリエ正弦級数 ……………… 4, 9
フーリエ正弦積分 ……………… 58
フーリエ正弦変換 ……………… 58
フーリエ積分 …………………… 57
フーリエ・ベッセル級数 ……… 53
フーリエ変換 …………………… 57
フーリエ余弦級数 ……………… 4, 9
フーリエ余弦積分 ……………… 58
フーリエ余弦変換 ……………… 58

ベッセルの微分方程式 ………… 52
ベッセルの不等式 ……………… 28
変数分離法 ……………………… 89
偏微分方程式 …………………… 75

放物形 …………………………… 97
補正弦積分 ……………………… 59

や 行

余弦積分 ………………………… 59

ら 行

ラプラスの作用素 ……………… 78

リーマン・ルベックの定理 …… 33

ルジャンドルの多項式 ………… 48

連立偏微分方程式 ……………… 75

英 字

Bessel の不等式 ………………… 28
Dirichlet 核 ……………………… 34
Gibbs の現象 …………………… 42
Hermite 多項式 ………………… 50
Laplace の作用素 ……………… 78
Legendre の多項式 ……………… 48
Parseval の等式 ………………… 40
Riemann-Lebesgue の定理 …… 33

工科系数学セミナー
フーリエ解析と偏微分方程式　第2版

1999年3月10日　第1版1刷発行
2003年7月30日　第2版1刷発行

編　者　数学教育研究会編

発行者　学校法人　東京電機大学
　　　　代表者　丸山孝一郎
発行所　東京電機大学出版局
　　　　〒101-8457
　　　　東京都千代田区神田錦町2-2
　　　　振替口座　00160-5-71715
　　　　電話　(03)5280-3433（営業）
　　　　　　　(03)5280-3422（編集）

印刷　三立工芸㈱
製本　渡辺製本㈱
装丁　高橋壮一

© Tsurumi Kazuyuki 1999, 2003
Printed in Japan

＊無断で転載することを禁じます。
＊落丁・乱丁本はお取替えいたします。

ISBN 4-501-62020-X C3341

別冊
解答

フーリエ解析と偏微分方程式

数学教育研究会編

東京電機大学出版局

（第2版1刷用）

第四章

マグロ延縄漁業の生産構造

第1章　フーリエ級数

1. フーリエ級数

〔1〕,〔2〕 略

〔3〕

(1)

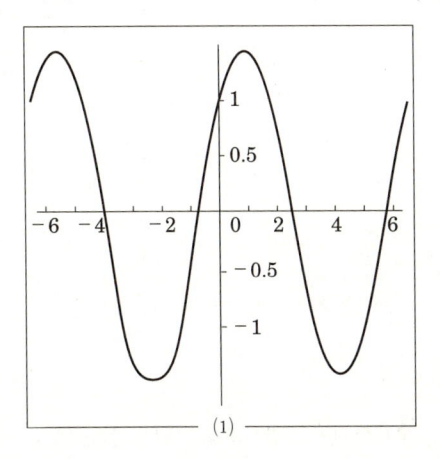

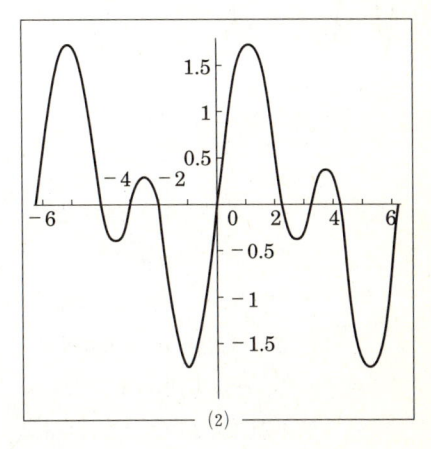

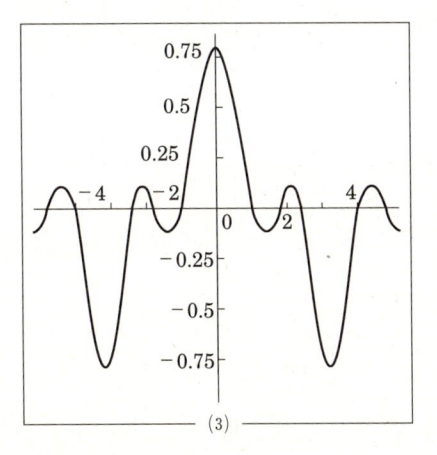

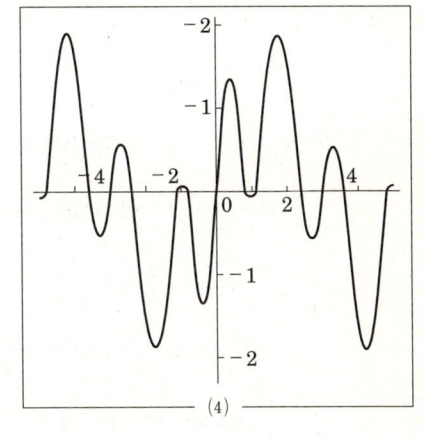

(2)

(3)

(4)

(**注**) 解答のなかで，証明問題ほか，一部省略したものもあります。

2 解 答

(5)

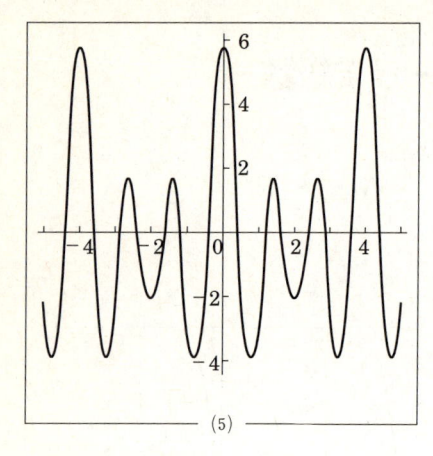

〔4〕,〔5〕 略

〔6〕 (1) 与式で $x = a+t$ とおくと

$$f(a-t) = -f(a+t)$$

となり，このグラフは直線 $x=a$ に関して対称になる（a に関して偶関数）。

(2) 与式で，$x = a+t$ とおくと

$$f(a-x) = -f(a+x)$$

となり，このグラフは点 $x=a$ に関して点対称になる（a に関して奇関数）。

〔7〕 (1) $-\dfrac{1}{a}\left(1-\cos\dfrac{a\pi}{2}\right)$ (2) $\dfrac{1}{a}\sin\dfrac{a\pi}{2}$ (3) $-a\pi\cos\dfrac{\pi}{a} + a^2 \sin\dfrac{\pi}{a}$

(4) $\dfrac{1}{2}\left\{\dfrac{1}{a-b}\sin(a-b)L + \dfrac{1}{a+b}\sin(a+b)L\right\}$ (5) $\dfrac{L}{2} - \dfrac{1}{2a}\sin 2aL$

(6) $\dfrac{1}{a^2+b^2}\{e^{a\pi}(a\sin b\pi - b\cos b\pi) + b\}$ (7) $\dfrac{1}{a^2+b^2}\{a - e^{-a\pi}(a\cos b\pi - b\sin b\pi)\}$

(8) $-\dfrac{\pi^2}{a}\cos a\pi + \dfrac{2\pi}{a^2}\sin a\pi + \dfrac{2}{a^3}\cos a\pi - \dfrac{2}{a^3}$

(9) $\dfrac{\pi^2}{a}\sin a\pi + \dfrac{2\pi}{a^2}\cos a\pi - \dfrac{2}{a^3}\sin a\pi$

(10) $-\dfrac{\pi^3}{a}\cos a\pi + \dfrac{3\pi^2}{a^2}\sin a\pi + \dfrac{6\pi}{a^3}\cos a\pi - \dfrac{6}{a^4}\sin a\pi$

(11) $\dfrac{\pi^3}{a}\sin a\pi + \dfrac{3\pi^2}{a^2}\cos a\pi - \dfrac{6\pi}{a^3}\sin a\pi - \dfrac{6}{a^4}\cos a\pi + \dfrac{6}{a^4}$

〔8〕 (1) $\dfrac{\pi}{2} - \dfrac{4}{\pi}\left(\cos x + \dfrac{1}{3^2}\cos 3x + \dfrac{1}{5^2}\cos 5x + \cdots\right)$

(2) $-\dfrac{\pi^2}{3} - 4\left(\cos x - \dfrac{1}{2^2}\cos 2x + \dfrac{1}{3^2}\cos 3x + \cdots\right)$

(3) $\dfrac{a}{2} + \dfrac{2a}{\pi}\left(\sin x + \dfrac{1}{3}\sin 3x + \dfrac{1}{5}\sin 5x + \cdots\right)$

(4) $\dfrac{\pi}{4} - \dfrac{2}{\pi}\left(\cos x + \dfrac{1}{3^2}\cos 3x + \dfrac{1}{5^2}\cos 5x + \cdots\right) + \left(\sin x - \dfrac{1}{2}\sin 2x + \dfrac{1}{3}\sin 3x + \cdots\right)$

(5) $\dfrac{1}{\pi} + \dfrac{1}{2}\sin x + \dfrac{1}{\pi}\left(\dfrac{1}{2^2-1}\cos 2x + \dfrac{1}{4^2-1}\cos 4x + \dfrac{1}{6^2-1}\cos 6x \cdots\right)$

(6) $\dfrac{1}{2}\cos x + \dfrac{2}{\pi}\left(\dfrac{1}{2^2-1}\sin 2x + \dfrac{1}{4^2-1}\sin 4x + \dfrac{1}{6^2-1}\sin 6x + \cdots\right)$

(7) $\dfrac{\pi}{2} + \dfrac{4}{\pi}\left(\cos x + \dfrac{1}{3^2}\cos 3x + \dfrac{1}{5^2}\cos 5x + \cdots\right)$

(8) $\dfrac{\pi}{2} - \left(\sin 2x + \dfrac{1}{2}\sin 4x + \dfrac{1}{3}\sin 6x + \cdots\right)$

(9) $\dfrac{\pi}{2} + \left(\sin 2x + \dfrac{1}{2}\sin 4x + \dfrac{1}{3}\sin 6x + \cdots\right)$

(10) $-\dfrac{\pi^2}{3} + \left(\cos 2x + \dfrac{1}{2^2}\cos 4x + \dfrac{1}{3^2}\cos 6x + \cdots\right)$
$\qquad - \pi\left(\sin 2x + \dfrac{1}{2}\sin 4x + \dfrac{1}{3}\sin 6x + \cdots\right)$

〔9〕略

〔10〕(Aは正弦級数, Bは余弦級数とする)

(1) $A = \sin x, \quad B = \dfrac{2}{\pi} - \dfrac{2}{\pi}\sum_{n=2}^{\infty}\{(-1)^n - 1\}\dfrac{1}{n^2-1}\cos nx$

(2) $A = \dfrac{2}{\pi}\sum_{n=2}^{\infty}\{1-(-1)^n\}\dfrac{1}{n^2-1}\sin nx, \quad B = \cos x$

(3) $A = \dfrac{4}{\pi}\sum_{n=1}^{\infty}(-1)^{n+1}\dfrac{1}{4n^2-1}\sin nx, \quad B = \dfrac{2}{\pi} - \dfrac{4}{\pi}\sum_{n=1}^{\infty}\dfrac{1}{4n^2-1}\cos nx$

(4) $A = \dfrac{9}{\pi}\sum_{n=1}^{\infty}\{1+(-1)^n\}\dfrac{n}{9n^2-1}\sin nx, \quad B = \dfrac{3\sqrt{3}}{4\pi} + \dfrac{6}{\pi}\sum_{n=1}^{\infty}\dfrac{1}{9n^2-1}\cos nx$

(5) $A = 2\sum_{n=1}^{\infty}(-1)^{n+1}\dfrac{1}{n}\sin nx, \quad B = \dfrac{\pi}{2} - \sum_{n=1}^{\infty}\{1-(-1)^n\}\dfrac{1}{n^2}\cos nx$

(6) $A = \dfrac{2}{\pi}\sum_{n=1}^{\infty}\left[(-1)^{n+1}\dfrac{\pi}{n} + \{(-1)^n - 1\}\dfrac{2}{n^3}\right]\sin nx$

$\qquad B = -\dfrac{\pi^2}{3} + 4\sum_{n=1}^{\infty}(-1)^n\dfrac{1}{n^2}\cos nx$

(7) $A = 2\sum_{n=1}^{\infty}(-1)^n\left(\dfrac{6}{n^3}-\dfrac{\pi^2}{n}\right)\sin nx$

$B = \dfrac{\pi^3}{4}+\dfrac{6}{\pi^2}\sum_{n=1}^{\infty}\left[(-1)^n\dfrac{\pi^2}{n^2}+\{1-(-1)^n\}\dfrac{2}{n^3}\right]\cos nx$

(8) $A = \dfrac{1}{\pi}\sum_{n=1}^{\infty}\dfrac{n\{1-(-1)^n e^{a\pi}\}}{a^2+n^2}\sin nx$

$B = \dfrac{1}{\pi a}(e^{a\pi}-1)+\dfrac{2a}{\pi}\sum_{n=1}^{\infty}\dfrac{(-1)^n e^{a\pi}-1}{a^2+n^2}\cos nx$

(9) $A = -\dfrac{2}{\pi}\sum_{n=1}^{\infty}\left(\cos\dfrac{n\pi}{2}\right)\dfrac{1}{n}\sin nx$, $\quad B = \dfrac{1}{2}+\dfrac{2}{\pi}\sum_{n=1}^{\infty}\left(\sin\dfrac{n\pi}{2}\right)\dfrac{1}{n}\cos nx$

(10) $A = \dfrac{2}{\pi}\sum_{n=1}^{\infty}\{1+(-1)^{n+1}\}\left(-\dfrac{\pi}{2n}\cos\dfrac{n\pi}{2}+\dfrac{1}{n^2}\sin\dfrac{n\pi}{2}\right)\sin nx$

$B = \dfrac{\pi}{4}+\dfrac{2}{\pi}\sum_{n=1}^{\infty}\{1+(-1)^n\}\left\{\dfrac{\pi}{2n}\sin\dfrac{n\pi}{2}+\dfrac{1}{n^2}\left(\cos\dfrac{n\pi}{2}-1\right)\right\}\cos nx$

(11) $A = \dfrac{8}{3\pi}\sin x - \dfrac{4}{\pi}\sum_{n=3}^{\infty}\dfrac{1-(-1)^n}{n(n^2-4)}\sin nx$

(12) $A = \dfrac{4}{3\pi}\sin x + \dfrac{2}{\pi}\sum_{n=3}^{\infty}(1-(-1)^n)\dfrac{n^2-2}{n(n^2-4)}\sin nx$

〔11〕,〔12〕 略

2. 一般の周期関数

〔1〕 (1) $\dfrac{2\pi}{a}$　(2) $\dfrac{2\pi}{a}$　(3) π　(4) 60π　(5) 2π　(6) 6π　(7) 2π

〔2〕 (1) $\dfrac{2}{\pi}\sum_{n=1}^{\infty}(-1)^{n+1}\dfrac{1}{n}\sin n\pi x$　　(2) $\dfrac{4}{3}+\dfrac{16}{\pi^2}\sum_{n=1}^{\infty}(-1)^n\dfrac{1}{n^2}\cos\dfrac{n\pi x}{2}$

(3) $\dfrac{2}{\pi^3}\sum_{n=1}^{\infty}(-1)^{n+1}\left(\dfrac{\pi^2}{n}-\dfrac{6}{n^3}\right)\sin n\pi x$　　(4) $\dfrac{1}{2}+\dfrac{2}{\pi^2}\sum_{n=1}^{\infty}\{(-1)^n-1\}\dfrac{1}{n^2}\cos n\pi x$

(5) $\left(e-\dfrac{1}{e}\right)\left\{\dfrac{1}{2}+\sum_{n=1}^{\infty}\dfrac{(-1)^n}{1+n^2\pi^2}(\cos n\pi x - n\pi\sin n\pi x)\right\}$　(6) $1-\dfrac{4}{\pi^2}\sum_{n=1}^{\infty}\{(-1)^n-1\}\dfrac{1}{n^2}\cos\dfrac{n}{2}\pi x$

(7) $\dfrac{8}{\pi}\sum_{n=1}^{\infty}(-1)^{n+1}\dfrac{n}{4n^2-1}\sin\dfrac{nx}{2}$　　(8) $\dfrac{8}{3}-\dfrac{16}{\pi^2}\sum_{n=1}^{\infty}(-1)^n\dfrac{1}{n^2}\cos\dfrac{n\pi x}{2}$

(9) $\sin\dfrac{\pi x}{3}$　(10) $\dfrac{1}{2}+\dfrac{1}{2}\cos 2\pi x$　(11) $\dfrac{2}{\pi}\sum_{n=1}^{\infty}\{1-(-1)^n\}\dfrac{1}{n}\sin n\pi x$

(12) $\dfrac{3}{4}+3\sum_{n=1}^{\infty}\left[\{(-1)^n-1\}\dfrac{1}{\pi^2 n^2}\cos\dfrac{n\pi x}{3}+(-1)^{n+1}\dfrac{1}{\pi n}\sin\dfrac{n\pi x}{3}\right]$

(13) $\dfrac{1}{4}(bL-2a)+\sum_{n=1}^{\infty}\left[\{(-1)^n-1\}\dfrac{bL}{\pi^2 n^2}\cos\dfrac{n\pi}{L}x+\{(1-(-1)^n)a-(-1)^n bL^2\}\dfrac{1}{\pi n}\sin\dfrac{n\pi}{L}x\right]$

(14) $\dfrac{L^2}{6}+\sum_{n=1}^{\infty}\left[2(-1)^n\left(\dfrac{L}{n\pi}\right)^2\cos\dfrac{n\pi}{L}x+\left\{(-1)^{n+1}+\dfrac{2((-1)^n-1)}{(n\pi)^2}\right\}\dfrac{L^2}{n\pi}\sin\dfrac{n\pi}{L}x\right]$

〔3〕 （Aは正弦級数，Bは余弦級数とする）

(1) $A=\dfrac{L}{\pi}\sum_{n=1}^{\infty}(-1)^{n+1}\dfrac{1}{n^2}\sin\dfrac{n\pi x}{L}$, $\quad B=L-\dfrac{L}{\pi}\sum_{n=1}^{\infty}\{1-(-1)^n\}\dfrac{1}{n^2}\cos\dfrac{n\pi x}{L}$

(2) $A=\dfrac{2}{\pi^3}\sum_{n=1}^{\infty}\left[(-1)^n\dfrac{\pi^2}{n}+\dfrac{2}{n^3}\{(-1)^n-1\}\right]\sin n\pi x$

$B=\dfrac{1}{3}+\dfrac{4}{\pi^2}\sum_{n=1}^{\infty}(-1)^n\dfrac{1}{n^2}\cos n\pi x$

(3) $A=\dfrac{2}{\pi^3}\sum_{n=1}^{\infty}(-1)^{n+1}\left(\dfrac{\pi^2}{n}-\dfrac{6\pi}{n^3}\right)\sin n\pi x$

$B=\dfrac{1}{4}+\dfrac{6}{\pi^4}\sum_{n=1}^{\infty}\left[(-1)^n\dfrac{\pi^2}{n^2}+\{1-(-1)^n\}\dfrac{3}{n^4}\right]\cos n\pi x$

(4) $A=\sin 2\pi x$, $\quad B=\dfrac{1}{\pi}\left\{\dfrac{8}{3}\cos\pi x-\sum_{n=3}^{\infty}\dfrac{1+(-1)^n}{n^2-4}\cos n\pi x\right\}$

(5) $A=-\dfrac{2}{\pi}\sum_{n=1}^{\infty}\left[\{(-1)^n-1\}+2\cos\dfrac{n\pi}{2}\right]\dfrac{1}{n}\sin\dfrac{n\pi x}{2}$

$B=\dfrac{4}{\pi}\sum_{n=1}^{\infty}\dfrac{1}{n}\sin\dfrac{n\pi}{2}\cos\dfrac{n\pi x}{2}$

(6) $A=-\dfrac{1}{\pi}\sum_{n=1}^{\infty}\left\{(-1)^n\dfrac{1}{n}+\dfrac{2}{\pi n^2}\sin\dfrac{n\pi}{2}\right\}\sin n\pi x$

$B=\dfrac{1}{4}+\dfrac{2}{\pi^2}\sum_{n=1}^{\infty}\left\{(-1)^n-\cos\dfrac{n\pi}{2}\right\}\cos n\pi x$

(7) $A=\dfrac{1}{\pi}\sin\dfrac{\pi x}{2}+\dfrac{2}{\pi}\sum_{n=2}^{\infty}\left\{n-\cos\left(\dfrac{n-1}{2}\right)\pi\right\}\dfrac{1}{n^2-1}\sin\dfrac{n\pi x}{2}$

$B=\dfrac{1}{\pi}+\dfrac{2}{\pi}\sum_{n=2}^{\infty}\left(\sin\dfrac{(n-1)}{2}\pi\right)\dfrac{1}{n^2-1}\cos\dfrac{n\pi x}{2}$

(8) $A=\dfrac{2}{\pi}\sum_{n=1}^{\infty}\dfrac{\cos\dfrac{n\pi}{3}-(-1)^n}{n}\sin\dfrac{n\pi x}{3}$

$B=\dfrac{2}{3}-\dfrac{2}{\pi}\sum_{n=1}^{\infty}\left(\sin\dfrac{n\pi}{3}\right)\dfrac{1}{n}\cos\dfrac{n\pi x}{3}$

(9) $A=2\sum_{n=1}^{\infty}\left[\{1+(-1)^n\}\dfrac{1}{\pi n}+\{1-(-1)^n\}\dfrac{1}{n^3}\right]\sin\dfrac{n\pi x}{2}$

6 解 答

$$B = -\frac{1}{3} - \frac{16}{\pi^2}\sum_{n=1}^{\infty}(-1)^n \frac{1}{n^2}\cos\frac{n\pi x}{2}$$

(10) $A = \dfrac{2}{\pi^3}\sum_{n=1}^{\infty}\dfrac{(-1)^n - 1}{n^3}\sin n\pi x, \quad B = \dfrac{1}{6} - \dfrac{1}{\pi^2}\sum_{n=1}^{\infty}\dfrac{(-1)^n + 1}{n^2}\cos n\pi x$

(11) $A = \dfrac{4}{3\pi}\sin\pi x + \dfrac{2}{\pi}\sum_{n=3}^{\infty}\left(1-(-1)^n\right)\dfrac{n^2-2}{n(n^2-4)}\sin n\pi x \quad B = \dfrac{1}{2} + \dfrac{1}{2}\cos 2\pi x$

(12) $A = -\dfrac{1}{2\pi}\sum_{n=1}^{\infty}\left\{(-1)^n + 1\right\}\dfrac{1}{n}\sin n\pi x, \quad B = \dfrac{1}{\pi^2}\sum_{n=1}^{\infty}\left\{(-1)^n - 1\right\}\dfrac{1}{n^2}\cos n\pi x$

(13) $A = \pi\sum_{n=1}^{\infty}\dfrac{n\left\{1-(-1)^n e\right\}}{1+\pi^2 n^2}\sin n\pi x, \quad B = \dfrac{e-1}{2} + \sum_{n=1}^{\infty}\dfrac{(-1)^n e - 1}{1+\pi^2 n^2}\cos n\pi x$

〔4〕 略

3. 複素フーリエ級数

〔1〕,〔2〕 略

〔3〕 (1) $\pi + i\Sigma'\dfrac{1}{n}e^{inx}$ (2) $\dfrac{1}{2} - \dfrac{1}{4}\left(e^{2xi} + e^{-2xi}\right)$

(3) $\dfrac{1}{2} + \dfrac{1}{4}\left(e^{2xi} + e^{-2xi}\right)$ (4) $\dfrac{\pi}{2} - \Sigma'\dfrac{(-1)^n - 1}{2n}e^{inx}$

(5) $\dfrac{\pi}{4} + \dfrac{1}{2}\Sigma'\left[\left\{(-1)^n - 1\right\}\dfrac{1}{\pi n^2} + (-1)^n\dfrac{i}{n}\right]e^{inx}$

(6) $\dfrac{1}{2} - i\dfrac{1}{\pi}\Sigma'\dfrac{1-(-1)^n}{2n}e^{inx}$ (7) $\dfrac{1}{2\pi}\sum_{n=-\infty}^{\infty}\dfrac{e^{\pi}(-1)^n - 1}{1-in}e^{inx}$

(8) $i\pi\sum_{n=-\infty}^{\infty}\dfrac{1+(-1)^n}{n}e^{inx}$ (9) $-i\Sigma'\dfrac{1}{n}e^{inx}$

(10) $\dfrac{\pi^2}{3} + 2\Sigma'(-1)^n\dfrac{1}{n^2}e^{inx}$

〔4〕 (1) $\dfrac{L}{\pi}\Sigma'(-1)^{n-1}\dfrac{1}{n^2}e^{i\frac{n\pi x}{L}}$,   (2) $\dfrac{1}{3} + \dfrac{2}{\pi^3}\Sigma'(-1)^n\dfrac{1}{n^2}e^{in\pi x}$

(3) $\dfrac{8}{\pi^3}\Sigma'(-1)^n\left(\dfrac{\pi^2}{n} - \dfrac{6}{n^3}\right)e^{\frac{n\pi x}{2}i}$

(4) $\dfrac{1}{L}\left(e^{\alpha L} - 1\right) + a\Sigma'\dfrac{a\left\{(-1)^n e^{\alpha L} - 1\right\}}{(\alpha L)^2 + \pi^2 n^2}e^{\frac{in\pi x}{L}}$

(5) $\dfrac{9}{2} + \dfrac{9}{i\pi}\sum_{n=-\infty}^{\infty}\dfrac{1}{2n-1}e^{\left(\frac{2n-1}{2}\right)i\pi x}$

(6) $\dfrac{1}{4} + \dfrac{1}{2} \Sigma' \left[(-1)^n \dfrac{i}{\pi n} - \dfrac{1}{\pi^2 n^2} \{1-(-1)^n\} \right] e^{in\pi x}$

(7) $\dfrac{i}{\pi} \Sigma' \{(-1)^n - 1\} \dfrac{1}{n} e^{in\pi x}$ (8) $\dfrac{L}{2} - \dfrac{L}{\pi} \Sigma' \{(-1)^n - 1\} \dfrac{1}{2n^2} e^{inx}$

〔5〕 略

4. 三角多項式近似

〔1〕 (1) $\tilde{E}_N = \dfrac{\pi^3}{6} - \pi\left(1 + \dfrac{1}{3^4} + \dfrac{1}{5^4} + \cdots + \dfrac{1}{(2m-1)^4}\right)$
$(N = 2m - 1)$

(2) $\tilde{E}_N = \dfrac{8}{45}\pi^5 - 16\pi\left(1 + \dfrac{1}{2^4} + \dfrac{1}{3^4} + \cdots + \dfrac{1}{N^4}\right)$

(3) $\tilde{E}_N = \dfrac{5}{24}\pi^3 - \pi\left\{\dfrac{4}{\pi^2}\left(1 + \dfrac{1}{3^4} + \dfrac{1}{5^4} + \cdots + \dfrac{1}{(2m-1)^4}\right) \right.$
$\left. + \left(1 + \dfrac{1}{2^2} + \dfrac{1}{3^2} + \cdots + \dfrac{1}{(2m-1)^2}\right)\right\}$

(4) $\tilde{E}_N = \dfrac{13}{90}\pi^5 - \pi\left[\left\{4\left(1 + \dfrac{1}{2^4} + \dfrac{1}{3^4} + \cdots + \dfrac{1}{(2m+1)^4}\right)\right\} \right.$
$\left. + \left\{\left(\pi - \dfrac{4}{\pi}\right)^2 + \left(\dfrac{\pi}{2}\right)^2 + \cdots + \dfrac{\pi^2}{(2m)^2} + \left(\dfrac{\pi}{2m+1} - \dfrac{4}{(2m+1)^2 \pi}\right)^2\right\}\right]$
$(N = 2m + 1)$

(5) $\tilde{E}_N = \pi - \dfrac{2}{\pi}\left\{1 + 8\left(\dfrac{1}{(3^2-1)^2} + \cdots + \dfrac{1}{((2m-1)^2-1)^2}\right)\right\}$
$(N = 2m - 1)$

(6) $\tilde{E}_N = (e^{2\pi} - 1) - \dfrac{2}{\pi}\left\{(e^\pi - 1)^2 + 2\left(\dfrac{e^\pi + 1}{1^2 + 1}\right)^2 + 2\left(\dfrac{e^\pi - 1}{2^2 + 1}\right)^2 + \cdots \right.$
$\left. \cdots + 2\left(\dfrac{(-1)^N e^\pi - 1}{N^2 + 1}\right)^2\right\}$

〔2〕,〔3〕 略

8 解答

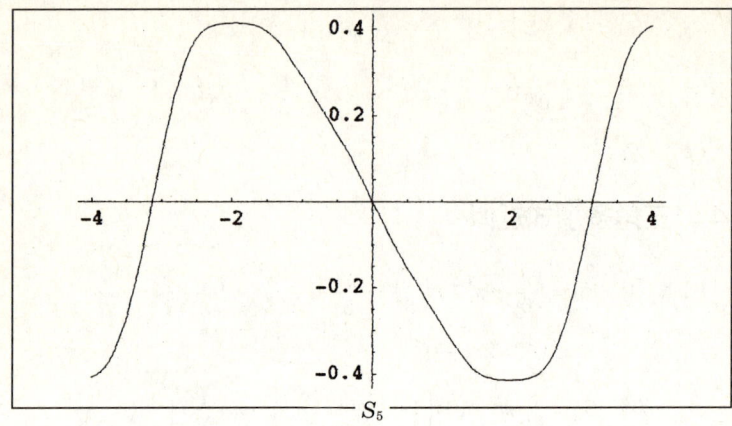

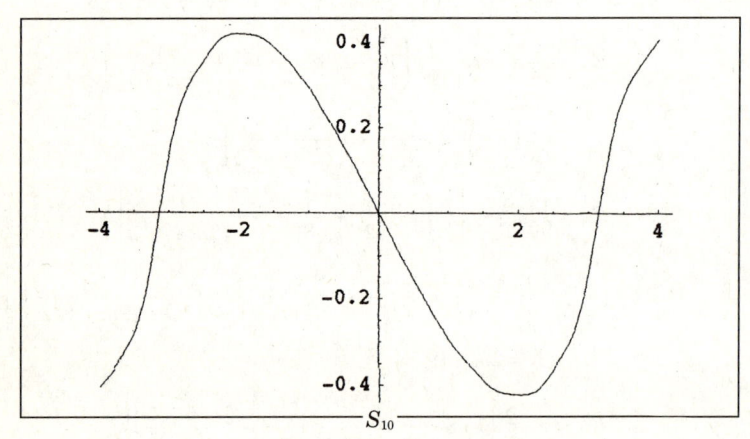

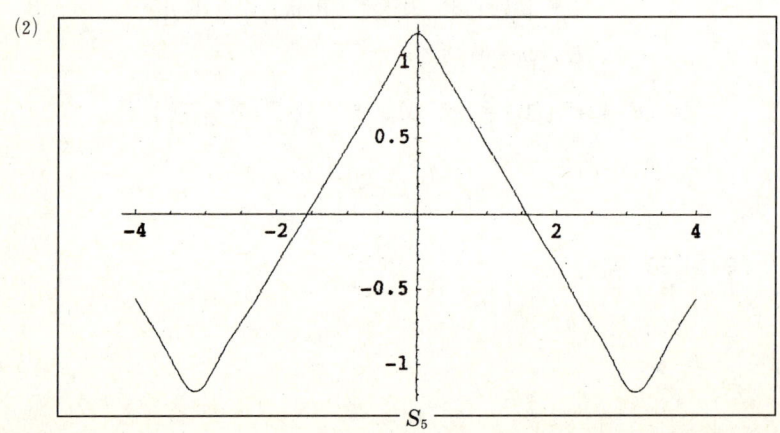

〔4〕(1)

S_5

S_{10}

(2)

S_5

S_{10}

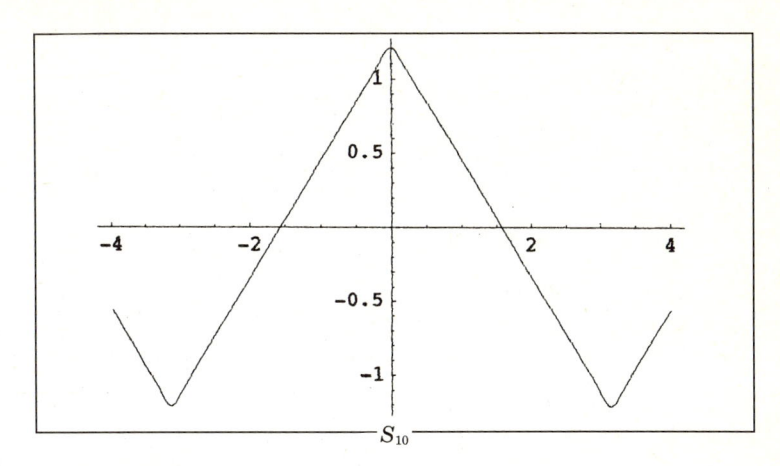

5. フーリエ級数の収束

〔1〕,〔2〕,〔3〕 略

〔4〕 第1節の〔8〕の(6)

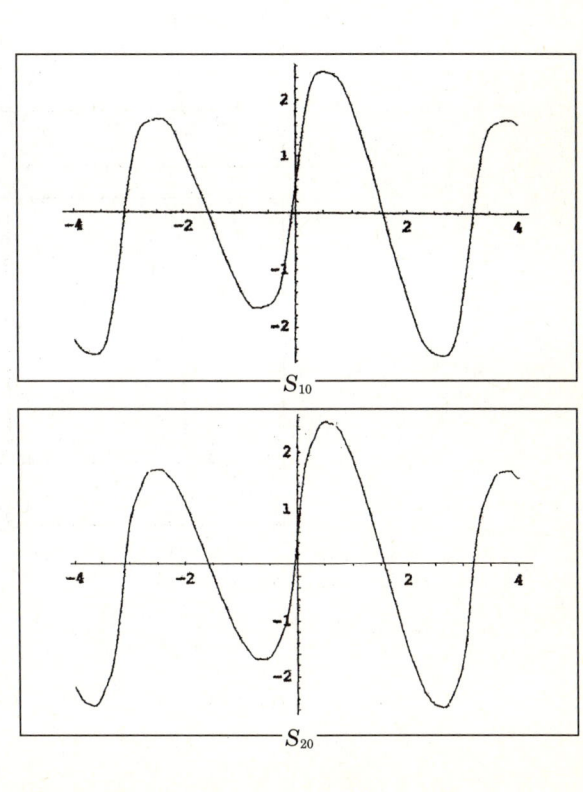

S_{10}

S_{20}

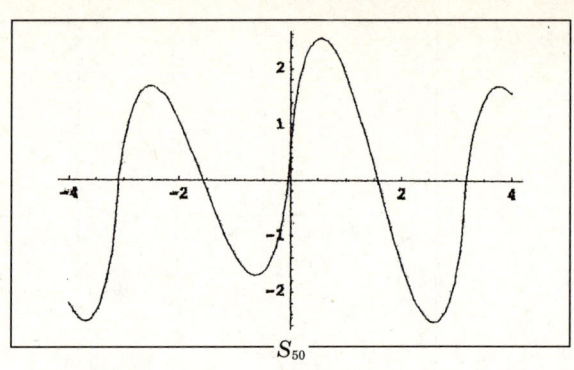

第1節の〔8〕の(9)

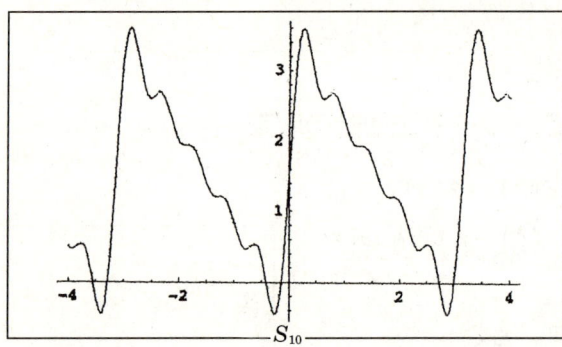

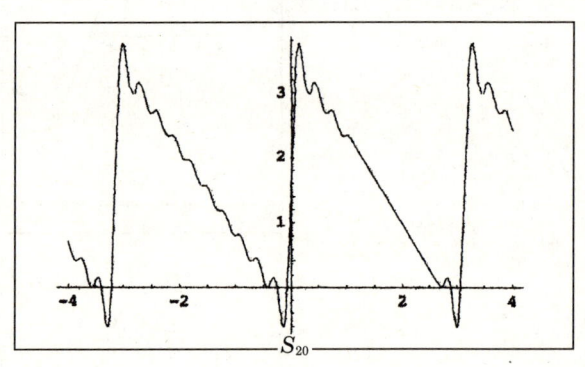

S_{50}

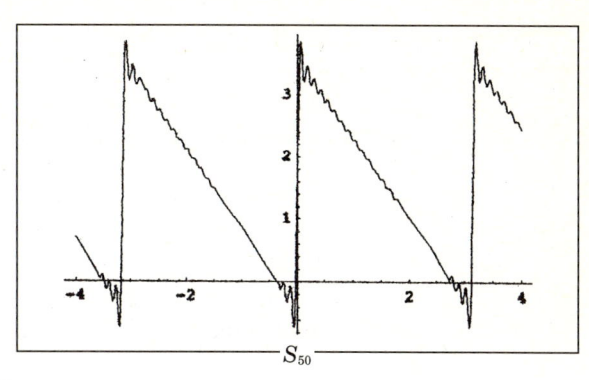

6. 一般フーリエ級数

〔1〕〜〔6〕 略

第2章 フーリエ積分

1. フーリエ積分,フーリエ変換

〔1〕 (1) $\sqrt{\dfrac{2}{\pi}} \cdot \dfrac{\sin \omega a}{\omega}$ (2) $\sqrt{\dfrac{2}{\pi}} \cdot \dfrac{\sin \omega a - a\omega \cos \omega a}{\omega^2}$

(3) $\sqrt{\dfrac{2}{\pi}} \cdot \dfrac{1}{1+\omega^2}$ (4) $\sqrt{\dfrac{2}{\pi}} \cdot \dfrac{a^2 \omega^2 \sin \omega a + 2a\omega \cos \omega a - 2\sin \omega a}{\omega^3}$

(5) $\sqrt{\dfrac{2}{\pi}} \cdot \dfrac{a}{a^2 + \omega^2}$ (6) $\sqrt{\dfrac{2}{\pi}} \cdot \dfrac{\sin \omega \pi}{1-\omega^2}$

(7) $\sqrt{\dfrac{2}{\pi}} \cdot \dfrac{a\omega \sin \omega a + \cos \omega a - 1}{\omega^2}$ (8) $\dfrac{1}{\sqrt{2\pi}} \cdot \dfrac{i(e^{-i\omega \alpha} - 1)}{\omega}$

(9) $\dfrac{1}{\sqrt{2\pi}} \cdot \dfrac{1}{1-\omega^2} \{ e^{-i\omega \beta}(\sin \beta - i\omega \cos \beta) - e^{i\omega \alpha}(\sin \alpha - i\omega \cos \alpha) \}$

(10) $\sqrt{\dfrac{2}{\pi}} \cdot \dfrac{-a^3 \omega^3 \cos \omega a + 3a^2 \omega \sin \omega a + 6a\omega \cos \omega a - 6\sin \omega a}{\omega^4}$

(11) $\dfrac{1}{\sqrt{2\pi}} \left(-\dfrac{1}{i\omega} \right) (e^{-i\omega \beta} - e^{-i\omega \alpha})$

(12) $\dfrac{1}{\sqrt{2\pi}} \left(\dfrac{2\omega}{\omega^2 - 1} \sin \omega a \cos a - \dfrac{2}{\omega^2 - 1} \cos \omega a \sin a \right)$

(13) $\dfrac{1}{\sqrt{2\pi}} \cdot \dfrac{(\omega^2 + 4)\sin \omega \pi}{\omega(4 - \omega^2)}$ (14) $\dfrac{1}{\sqrt{2\pi}} \cdot \dfrac{2\omega^2 - 4}{\omega(\omega^2 - 4)} \sin \omega \pi$

〔2〕 (2.1.4)式の形をA, (2.1.6)式の形をBとする。

(1) A: $\dfrac{2}{\pi}\displaystyle\int_0^\infty \dfrac{\sin\omega\cos\omega x}{\omega}d\omega = \begin{cases} 1 & (|x|<k) \\ \dfrac{1}{2} & (|x|=k) \\ 0 & (|x|>k) \end{cases}$

B: $\dfrac{2}{\pi}\displaystyle\int_0^\infty \dfrac{(1-\cos\omega)\sin\omega x}{\omega}d\omega = \begin{cases} 0 & (|x|>k,\ x=0) \\ \dfrac{1}{2} & (x=k) \\ 1 & (0<x<k) \\ -\dfrac{1}{2} & (x=-k) \\ -1 & (-k<x<0) \end{cases}$

(2) A: $\dfrac{2}{\pi}\displaystyle\int_0^\infty \dfrac{\omega-\cos\omega}{\omega^2}\cos\omega x\,d\omega = \begin{cases} 1-|x| & (|x|\leq 1) \\ 0 & (|x|>1) \end{cases}$

B: $\dfrac{2}{\pi}\displaystyle\int_0^\infty \dfrac{\omega-\sin\omega}{\omega^2}\sin\omega x\,d\omega = \begin{cases} 0 & (|x|>1,\ x=0) \\ 1-x & (0<x<1) \\ -1-x & (-1<x<0) \end{cases}$

(3) A: $\dfrac{4}{\pi}\displaystyle\int_0^\infty \dfrac{\cos k\omega(1-\cos k\omega)\cos\omega x}{\omega^2}d\omega = \begin{cases} |x| & (0\leq|x|\leq k) \\ 2k-|x| & (k<|x|<2k) \\ 0 & (|x|>k) \end{cases}$

B: $\dfrac{4}{\pi}\displaystyle\int_0^\infty \dfrac{(1-\cos k\omega)\sin k\omega\sin x\omega}{\omega^2}d\omega = \begin{cases} x & (|x|\leq k) \\ 2k-x & (k<x\leq 2k) \\ -2k-x & (-2k\leq x<-k) \\ 0 & (|x|>2k) \end{cases}$

(4) A: $\dfrac{2}{\pi}\displaystyle\int_0^\infty \dfrac{(\sin 2\omega-\sin\omega)\cos\omega x}{\omega}d\omega = \begin{cases} 0 & (|x|>2,\ |x|<1) \\ 1 & (1<|x|<2) \\ \dfrac{1}{2} & (|x|=1,\ |x|=2) \end{cases}$

B: $\dfrac{2}{\pi}\displaystyle\int_0^\infty \dfrac{(\cos\omega-\cos 2\omega)\sin\omega x}{\omega}d\omega = \begin{cases} 0 & (|x|>2,\ |x|<1) \\ -1 & (-2<x<-1) \\ 1 & (1<x<2) \\ \dfrac{1}{2} & (|x|=1,\ |x|=2) \end{cases}$

(5) $A:$ $\dfrac{4}{\pi}\displaystyle\int_0^\infty \dfrac{(\sin\omega - 2\omega\cos\omega)\cos\omega x}{\omega^3}d\omega = \begin{cases} 1-x^2 & (|x|\leqq 1) \\ 0 & (|x|>1) \end{cases}$

$B:$ $\dfrac{4}{\pi}\displaystyle\int_0^\infty \dfrac{(1-\cos\omega - \omega\sin\omega)\sin\omega x}{\omega^3}d\omega = \begin{cases} 0 & (|x|>1) \\ 1-x & (0<x<1) \\ -1+x^2 & (-1<x<0) \end{cases}$

〔3〕 (1) $f(x) = \dfrac{2}{\pi}\cdot\dfrac{1-\cos x}{x}$ (2) $f(x) = \dfrac{2}{\pi}\left(\dfrac{\sin x + \cos x - 1}{x}\right)$

(3) $f(x) = \dfrac{2}{\pi}\cdot\dfrac{(2-x^2)\cos x + 2x\sin x - 2}{x^3}$

(4) $f(x) = \dfrac{2}{\pi}\cdot\dfrac{1-\cos x}{x}$

(5) $f(x) = \dfrac{2}{\pi}\Bigg[\left\{\dfrac{(b^2+b)x^2-2}{x^3}\sin bx + \dfrac{2b+1}{x^2}\cos bx\right\}$

$\qquad\qquad -\left(\dfrac{a^2+a}{x^3}\sin ax + \dfrac{2a+1}{x^2}\cos ax\right)\Bigg]$

(6) $f(x) = \dfrac{2}{\pi}\cdot\dfrac{x}{a^2+x^2}$ (7) $f(x) = \dfrac{2}{\pi}\cdot\dfrac{a}{a^2+x^2}$

(8) $f(x) = \dfrac{1}{\pi x}\cdot\dfrac{e^{ix\beta} - e^{ix\beta}}{2i}$ (9) $f(x) = \dfrac{1}{2\pi}\left\{\dfrac{1}{x^2}\left(e^{ix\beta} - e^{ix\alpha}\right) - \dfrac{i}{x}\left(\beta e^{ix\beta} - \alpha e^{ix\alpha}\right)\right\}$

(10) $f(x) = \dfrac{1}{2\pi}\left\{\left(-\dfrac{i}{x}\beta^2 + \dfrac{2}{x^2}\beta + \dfrac{2i}{x^3}\right)e^{ix\beta} + \left(\dfrac{i}{x}\alpha^2 - \dfrac{2}{x^2}\alpha + \dfrac{2i}{x^3}\right)e^{ix\alpha}\right\}$

(11) $f(x) = \dfrac{1}{2\pi(k^2-x^2)}\left\{e^{ix\beta}(ix\sin k\beta - k\cos k\omega) - e^{ix\alpha}(ix\sin k\alpha - k\cos k\alpha)\right\}$

(12) $f(x) = \dfrac{1}{2\pi(k^2-x^2)}\left\{e^{ix\beta}(k\sin k\beta + ix\cos k\beta) - e^{ix\alpha}(k\sin k\alpha + ix\cos k\alpha)\right\}$

〔4〕 略

〔5〕 $F\left(\dfrac{a}{x^2+a^2}\right) = \sqrt{\dfrac{2}{\pi}}e^{-a|x|}$

〔6〕,〔7〕 略

2. フーリエ変換の性質

〔1〕,〔2〕 略

〔3〕 $F(e^{-a^2x^2}) = \dfrac{1}{\sqrt{2}a} e^{-\frac{\omega^2}{4a}}$

〔4〕 (1) $(f*g)(x) = \begin{cases} 0 & (|x|>a+b) \\ a+b+x & (-(a+b)<x<a-b) \\ 2a & (|x|<b-a) \\ (a+b)-x & (-(b-a)<x<b-a) \end{cases}$

(2) $(f*g)(x) = \begin{cases} 0 & (x<-a) \\ (x-1)+(a-1)e^{(a-x)} & (|x|<a) \\ e^{-x}(ae^a - e^a + ae^{-a} + e^{-a}) & (x>a) \end{cases}$

(3) $(f*g)(x) = \begin{cases} 0 & (x<\alpha-\pi) \\ \cos x - 1 & (\alpha-\pi<x<\beta-\pi) \\ 1-\cos x & (\beta-\pi<x<\beta+\pi) \\ 0 & (\beta+\pi<x) \end{cases}$

(4) $(f*g)(x) = \tan^{-1}\left(\dfrac{a-x}{a}\right) - \tan^{-1}\left(\dfrac{a+x}{a}\right)$

〔5〕〜〔7〕 略

〔8〕 (1) $\sqrt{\dfrac{2}{\pi}} \cdot \dfrac{\sin\omega - \omega\cos\omega}{\omega^2} + \dfrac{i}{\omega\sqrt{2\pi}}(e^{-2\omega i} - e^{-\omega i})$

(2) $\dfrac{1}{|a|\sqrt{2\pi}} \left\{ \dfrac{a}{\omega-a}\left(\sin\dfrac{\pi\omega}{2a} - 1\right) + \dfrac{a}{\omega+a}\left(\sin\dfrac{\pi\omega}{2a} + 1\right) \right\}$

(3) $\dfrac{1}{\beta} e^{-i\omega\alpha} e^{-\left|\frac{\omega-\alpha}{\beta}\right|}$

(4) $\sqrt{\dfrac{2}{\pi}} \left\{ \dfrac{1-a^2}{\omega}\sin\omega - \dfrac{2}{\omega^2}\cos\omega - \dfrac{2}{\omega^3}\sin\omega \right\}$

〔9〕〜〔11〕 略

第３章　偏微分方程式

1. 偏微分方程式

〔1〕〜〔8〕　略

2. 線形常微分方程式の復習

〔1〕 (1) 固有値： $\lambda_n = \left(\dfrac{n\pi}{L}\right)^2$,　固有関数： $y_n = C_n \sin \dfrac{n\pi}{L} x$

　　(2) 固有値： $\lambda_n = -\left\{2 - \left(\dfrac{2n+1}{2L}\right)^2\right\}$,　固有関数： $y_n = C_n \sin \dfrac{2n+1}{2L} \pi x$

　　(3) 固有値： $\lambda_n = -\left(\dfrac{n\pi}{L}\right)^2 - 3$,　固有関数： $y_n = C_n \cos \dfrac{n\pi}{L} x$

　　(4) 固有値： $\lambda_n = -\left(\dfrac{2n+1}{2L}\pi\right)^2$,　固有関数： $y_n = C_n \cos \dfrac{2n+1}{2L} \pi x$

　　(5) 固有値： $\lambda_n = 4 - \left(\dfrac{2n+1}{2L}\pi\right)^2$,　固有関数： $y_n = C_n \cos \dfrac{2n+1}{2L} \pi x$

〔2〕 (C, C_1, C_2 は任意定数)

　　(1) $x - Cye^{y^2} = 0$　　(2) $y^2 = 1 + Ce^{-x^2}$　　(3) $y^2 = x^2(2\log x + C)$

　　(4) $y = \dfrac{1}{6}(x+1)^4 + \dfrac{C}{(x+1)^2}$　　(5) $y^{-2} = x + \dfrac{1}{2} + Ce^{2x}$

　　(6) $xy^2 = C$　　(7) $y = C_1 e^{-2x} + C_2 e^{-3x}$

　　(8) $y = C_1 e^{3x} + C_2 x e^{3x}$

〔3〕 ($C(x)$ は x の任意の関数とする，他も同様)

　　(1) $u = -\dfrac{3}{2}y + \dfrac{C(x)}{y}$　　(2) $u = C_1(y)e^{2x} + C_2(y)e^{-x} - \dfrac{1}{2}\sin y$

　　(3) $u^2 - 2xy = C(y)$　　(4) $u = C_1(x)\sin ay + C_2(x)\cos ay$

　　(5) $u^{-2} = 2x^3 + C(y)x^2$

3. 変数分離法

[1] (1) $u = C_1(x) + C_2(y)$ (2) $u = C_1(x) + C_2(y)$

(3) $u = C_1(y) + C_2(x)e^y$ (4) $u = -y(x+1) - C_1(y)e^{-x} + C_2(y)$

(5) $u = (x-1)y + C(x)e^{-x}$ (6) $u = -\dfrac{a}{2}x^2 + bxy - bx + C(x)e^{-y}$

[2] (1) $u = C$ (2) $u = C$ (3) $u = C(x+1)$

(4) $u = C(y-x)$ (5) $u = C_1 xy + C_2 x + C_3 y$

(6) $u = C_1 xy + C_2 x + C_3 y$ (7) $u = xy + \dfrac{1}{2}y^2 + C$

(8) $u = x^2 y^2 + x + C(y)$

[3] (1) $u = C_1 e^{C_2(x-y)}$ (2) $u = C_1 e^{C_2\left(y + \frac{x^2}{2}\right)}$ $(C_2 \neq 0)$

(3) $u = C_1 e^{C_2 x} y^{C_2}$ (4) $u = C_1 e^{C_2(x^2 \ \ 2)}$

(5) $u = C_1(xy)^{C_2}$ (6) $u = C_1 e^{\frac{C_2}{3}(x^3 - y^3)}$

(7), (8) （場合わけが必要なので略す）

(9) $u = C_1 e^{\left(\frac{1}{2}x^2 + C_2 x + \frac{by^2 - 2C_2 y}{2a}\right)}$

(10) $u = C_1 e^{C_2 y} \cdot e^{\frac{a}{C_2}x}$ $(C_2 \neq 0)$

[4] 略

4. 2階定数係数線形偏微分方程式

[1] (1) 双曲形： $\dfrac{\partial^2 v}{\partial \xi \partial \eta} = 0$ (2) 放物形： $\dfrac{\partial^2 v}{\partial \xi^2} = 0$

(3) 双曲形： $\dfrac{\partial^2 v}{\partial \xi \partial \eta} + \left(\dfrac{\partial v}{\partial \xi} + \dfrac{\partial v}{\partial \eta}\right) = 0$

(4) 楕円形： $\dfrac{\partial^2 v}{\partial \xi^2} + \dfrac{\partial^2 v}{\partial \eta^2} = 1$ (5) 放物形： $\dfrac{\partial^2 v}{\partial \xi^2} = 2\xi$

(6) 放物形： $\dfrac{\partial^2 v}{\partial \xi^2} + 6\dfrac{\partial v}{\partial \xi} = 0$

[2] (1) 双曲形   (2) 放物形   (3) 双曲形   (4) 双曲形

(5) 放物形   (6) 楕円形

第3章　偏微分方程式　　**17**

〔3〕　（$\phi(t)$，$\psi(t)$はtの任意関数）

　　（1）　双曲形：　$u = \varphi(-\alpha x + y) + \psi(\alpha x + y)$

　　（2）　放物形：　$u = \varphi(\alpha x + y)x + \psi(\alpha x + y)$

　　（3）　放物形：　$u = \varphi(x + \alpha y)y + \psi(x + \alpha y)$

　　（4）　双曲形：　$u = \varphi(\sqrt{3}x + y) + \psi(-\sqrt{3}x + y)$

　　（5）　放物形：　$u = \varphi(2x + y)x + \psi(2x + y)$

　　（6）　双曲形：　$u = \varphi\{(3 + 2\sqrt{2})x + y\} + \psi\{(3 - 2\sqrt{2})x + y\}$

　　（7）　放物形：　$u = \varphi\left(\dfrac{1}{\sqrt{3}}x + y\right) + \psi\left(\dfrac{1}{\sqrt{2}}x + y\right)$

　　（8）　双曲形：　$u = \varphi\left(-\dfrac{3 + 2\sqrt{3}}{3}x + y\right) + \psi\left(-\dfrac{3 - 2\sqrt{3}}{3}x + y\right)$

〔4〕　（1）　$u = \varphi(x) + \psi(xy)$　　　（2）　$u = x\varphi(xy) + \psi(xy)$

　　（3）　$u = \varphi\left(\dfrac{y}{x}\right)$

〔5〕　略

5. 初期値・境界値問題（I）

● 1次元の場合

〔1〕　$u(x, t) = 2e^{-27\pi^2 t}\sin 3\pi x + 3e^{-147\pi^2 t}\sin 7\pi x$

〔2〕　$u(x, t) = \dfrac{2}{3\pi}\sum_{n=1}^{\infty}\left\{1 - (-1)^n + (-1)^{n+1}\dfrac{3}{n}\right\}e^{-5\left(\frac{n\pi}{3}\right)^2 t}\sin\dfrac{n\pi x}{3}$

〔3〕　$u(x, t) = \sum_{n=1}^{\infty}\left[\dfrac{1}{2}\{1 - (-1)^n\}\sin\dfrac{n\pi}{4}t + (-1)^{n+1}\dfrac{8}{\pi n}\cos\dfrac{n\pi}{4}t\right]\sin\dfrac{n\pi x}{4}$

〔4〕　$u = (x, t) = \dfrac{16}{\pi}\sum_{n=1}^{\infty}\{1 - (-1)^n\}\dfrac{1}{n^3}e^{-a^2\left(\frac{n}{2}\right)^2 t}\sin\dfrac{nx}{2}$

〔5〕　$u(x, t) = \dfrac{L}{\pi}\sum_{n=1}^{\infty}(-1)^n\dfrac{1}{n^2}e^{-a\left(\frac{n\pi}{L}\right)^2 t}\sin\dfrac{n\pi x}{L}$

〔6〕　$u(x, t) = \sum_{n=1}^{\infty}\left\{(-1)^n\dfrac{8}{\pi n} + \left(\dfrac{2}{\pi}\right)^3\right\}\left[(-1)^n\dfrac{\pi}{n} + \{1 - (-1)^n\}\dfrac{2}{n^3}\right]\sin\dfrac{n\pi x}{2}$

〔7〕　$u(x, t) = ke^{-nt}\sin x$　（k：任意定数）

〔8〕　$u(x, t) = C_1\sin x + \sum_{n=2}^{\infty}\left(C_n\sin\left(\sqrt{n^2 - 1}\right)t + d_n\cos\left(\sqrt{n^2 - 1}\right)t\right)\sin nx$

❷ 2次元の場合

〔1〕 (1) $\displaystyle x = \sum_{m=1}^{\infty}\sum_{n=1}^{\infty}(-1)^m\{1-(-1)^n\}\frac{4}{mn}\sin m\pi x \sin n\pi y$

(2) $\displaystyle x+y = \frac{4}{\pi}\sum_{m=1}^{\infty}\sum_{n=1}^{\infty}\left[(-1)^{m+1}\{1-(-1)^n\}a + (-1)^{n+1}\{1-(-1)^m\}b\right]\sin\frac{m\pi x}{a}\sin\frac{n\pi y}{b}$

(3) $\displaystyle xy = \frac{4ab}{\pi^2}\sum_{m=1}^{\infty}\sum_{n=1}^{\infty}(-1)^m\{1-(-1)^n\}\frac{4}{mn}\sin m\pi x \sin n\pi y$

〔2〕 (1) $\displaystyle D_{m,n} = (-1)^{m+n}\frac{4ab}{\pi^2}\cdot\frac{1}{mn}$

$\displaystyle D'_{m,n} = \left[(-1)^{m+1}\{1-(-1)^n\}a + (-1)^{n+1}\{1-(-1)^m\}b\right]\frac{1}{\pi mn}$

を(3.5.20)式に代入したもの

(2) $D_{1,1} = 1$, $D_{m,n} = 0$ ($m=n=1$ 以外の m, n に対して)

$\displaystyle D'_{m,n} = \frac{1}{mn}$

を(3.5.20)式に代入したもの

〔3〕,**〔4〕** 略

6. 初期値・境界値問題(Ⅱ)

〔1〕 $\displaystyle u(x,t) = \frac{2}{\pi}\int_0^{\infty}\left(\frac{\sin\omega - \omega\cos\omega}{\omega^2}\cos\omega t + \frac{\sin\omega t}{1+\omega^2}\right)\sin\omega x\,d\omega$

〔2〕 $\displaystyle u(x,t) = \sqrt{\frac{2}{\pi}}\int_0^{\infty}\left\{\left(\frac{\omega-\sin\omega}{\omega^2}\right)\cos\omega t + \frac{1}{1+\omega^2}\sin\omega t\right\}\sin\omega x\,d\omega$

〔3〕 $\displaystyle u(x,t) = \frac{2}{\pi}\int_0^{\infty}\frac{\omega}{\omega^2+a^2}e^{-2\omega^2 t}\sin\omega x\,d\omega$

〔4〕 $\displaystyle u(x,t) = \frac{2}{\pi}\int_0^{\infty}\frac{\sin\omega t \sin x\omega}{\omega^2+4}d\omega$

〔5〕 $\displaystyle u(x,t) = \frac{4}{\pi}\int_0^{\infty}e^{-\omega^2 t}\sin\pi\omega\sin\omega x\,d\omega$